职业技能鉴定试题集

图书管理员

中国石油天然气集团公司人事服务中心　编

石油工业出版社

内 容 提 要

本书是由中国石油天然气集团公司人事服务中心统一组织编写的《职业技能鉴定试题集》中的一本。本书包含图书管理员初级工、中级工和高级工三个级别的理论知识试题和技能操作试题，是图书管理员职业技能鉴定的必备用书。

图书在版编目(CIP)数据

图书管理员/中国石油天然气集团公司人事服务中心编.
北京:石油工业出版社,2005.12
(职业技能鉴定试题集)
ISBN 7-5021-5319-5

Ⅰ.图…
Ⅱ.中…
Ⅲ.图书馆管理-职业技能鉴定-习题
Ⅳ.G251-44

中国版本图书馆 CIP 数据核字(2005)第 137905 号

出版发行:石油工业出版社
(北京安定门外安华里 2 区 1 号　100011)
网　址:www.petropub.cn
总　机:(010)64262233　发行部:(010)64210392
经　销:全国新华书店
排　版:北京乘设伟业科技排版中心排版
印　刷:石油工业出版社印刷厂

2005 年 12 月第 1 版　2006 年 12 月第 2 次印刷
787×1092 毫米　开本:1/16　印张:12.5
字数:320 千字　印数:1001—3000 册

书号:ISBN 7-5021-5319-5/TE·4096
定价:38.00 元
(如出现印装质量问题,我社发行部负责调换)

《职业技能鉴定试题集》编审委员会

前　言

为提高石油工人队伍素质，满足职工鉴定的需要，中国石油天然气集团公司人事服务中心组织编写了第三批《职业技能鉴定试题集》。这套书是在集团公司所属企业自有题库的基础上，按集团公司新编题库的要求，择优改编而成的，共有88个工种试题集。每个工种依据《国家职业（工人技术等级）标准》分初级工、中级工、高级工、技师、高级技师五个级别编写。

本套书的编写坚持以职业活动为导向，以职业技能为核心的原则。在题库开发与试题集编写中，我们以国家题库开发的模式和要求为指导，坚持统一规范、充实完善的题库开发与修订原则，注重试题库内容的先进性与通用性，严格按照国家题库开发技术要领与审定程序组织开发。本套书中理论知识试题分为选择题、判断题、简答题、计算题四种题型，以客观性试题为主；技能操作试题在编写中增加了考核内容层次结构表，目的是保证鉴定命题的等值性和考试质量的统一性。为便于职工培训和鉴定复习，在每个工种、等级理论知识试题与技能操作考试试题前均列出了《鉴定要素细目表》。《鉴定要素细目表》是考试的知识点与要点，是工人培训的知识大纲和鉴定命题的直接依据。职工鉴定前复习时应严格参照试题集的《鉴定要素细目表》，认真学习本等级规定的内容。

为使用方便，本套书中《图书管理员》合为一册出版，包括初级工、中级工和高级工三个级别的内容。《图书管理员》由中国石油大庆职业技能鉴定中心组织编写，主编李宝燕、张雅娟，参编钱达理、李小燕、李海静、徐天彤、赵吉民、李宝良、郑光明。其中张雅娟、徐天彤编写初级工理论知识试题，李宝燕、李海静、李小燕编写中级工理论知识试题，李宝燕、李海静、郑光明编写高级工理论知识试题，赵吉民、李宝良编写初级工技能操作试题，李宝燕、钱达理编写中、高级工技能操作试题。最后经中国石油天然气集团公司职业技能鉴定指导中心组织专家进行了审定，参加审定的专家有吉林石油集团张春玲，中国石油大庆职业技能鉴定中心杨明亮、于立英。在此表示衷心感谢!

由于编者水平有限,书中难免有疏漏和错误,恳请广大读者提出宝贵意见。

编者

2005 年 5 月

目　录

初　级　工

第一部分　初级工理论知识试题

第二部分　初级工技能操作试题

中　级　工

第三部分　中级工理论知识试题

第四部分　中级工技能操作试题

高　级　工

第五部分　高级工理论知识试题

第六部分　高级工技能操作试题

初　级　工

第一部分　初级工理论知识试题

鉴定要素细目表

行业:石油天然气　　工种:图书管理员　　等级:初级工　　鉴定方式:理论知识

行为领域	代码	鉴定范围（重要程度比例）	鉴定比重	代码	鉴定点	重要程度
基础知识 A 25%	A	图书馆学知识（05:04:01）	10%	001	图书馆的含义	Y
				002	图书的定义	Z
				003	图书馆学的定义	Y
				004	图书馆的起源	X
				005	世界图书馆的发展过程	X
				006	我国图书馆的发展过程	X
				007	图书馆的未来趋势	X
				008	图书馆的性质	Y
				009	图书馆的工作流程	X
				010	图书馆机构设置的要求	Y
	B	文献学知识（05:04:01）	10%	001	文献的概念	X
				002	文献的功能	Y
				003	文献的微缩复制方法	X
				004	声像资料的复制方法	Y
				005	文献的类型	X
				006	现代文献的特征	Z
				007	文献检索的类型	Y
				008	文献的采集方法	Y
				009	文献检索的方法	X
				010	文献流通的方法	X
	C	文字、文体、语言学知识（02:00:00）	2%	001	部首检字的应用方法	X
				002	音序检字的应用方法	X
	D	计算机知识（02:01:00）	3%	001	电子计算机的概念	X
				002	计算机的特点	X
				003	计算机的发展过程	Y

续表

行为领域	代码	鉴定范围（重要程度比例）	鉴定比重	代码	鉴定点	重要程度
专业知识 B 75%	A	图书分类知识（10:08:02）	20%	001	图书分类的概念	X
				002	图书分类法的结构	Y
				003	八分法编号的方法	Y
				004	《中图法》[1]的含义	X
				005	《科图法》[2]的含义	Z
				006	《人大法》[3]的含义	Y
				007	参考工具书的分类	Y
				008	丛书的分类	Y
				009	多卷书的分类	Z
				010	《中图法》A 大类的收录范围	Y
				011	《中图法》B 大类的收录范围	Y
				012	《中图法》C 大类的收录范围	Y
				013	《中图法》D 大类的收录范围	X
				014	《中图法》E 大类的收录范围	X
				015	《中图法》F 大类的收录范围	X
				016	《中图法》G 大类的收录范围	X
				017	《中图法》H 大类的收录范围	X
				018	《中图法》I 大类的收录范围	X
				019	《中图法》J 大类的收录范围	X
				020	《中图法》K 大类的收录范围	X
	B	图书编目知识（09:07:01）	17%	001	图书馆目录的种类	X
				002	文献著录的方法	X
				003	著录用的标识符号	X
				004	著录用的格式要求	X
				005	著录用的文字要求	X
				006	著录项目的含义	X
				007	著录条例的内容	X
				008	书名的著录	X
				009	出版发行项的著录	Y
				010	图书版本项的著录	Y
				011	图书馆业务注记的方法	Z
				012	著录的依据	Y
				013	著录的级次	Y

[1] 中国图书馆分类法，简称中国法。

[2] 中国科学院图书分类法，简称科图法。

[3] 中国人民大学图书馆图书分类法，简称人大法。

续表

行为领域	代码	鉴定范围（重要程度比例）	鉴定比重	代码	鉴定点	重要程度
专业知识 B 75%	B	图书编目知识（09:07:01）	17%	014	载体形态项的著录	Y
				015	丛书项的著录	Y
				016	常见图书的著录方法	Y
				017	图书的版本类型	X
	C	连续出版物工作知识（05:04:01）	10%	001	连续出版物的含义	X
				002	连续出版物的形式	Y
				003	连续出版物的特点	X
				004	连续出版物的类型	X
				005	连续出版物的作用	Y
				006	连续出版物管理工作的流程	X
				007	连续出版物管理的形式	Y
				008	连续出版物的搜集途径	Y
				009	连续出版物的整理方法	Z
				010	连续出版物的目录种类	X
	D	藏书建设知识（05:04:01）	10%	001	藏书建设的概念	Y
				002	藏书建设的意义	X
				003	藏书建设的基本内容	X
				004	藏书建设的基本原则	Z
				005	藏书剔除的意义	Y
				006	藏书剔除的原则	Y
				007	藏书剔除的范围	X
				008	图书登录工作中应注意的问题	Y
				009	图书登录的要求	X
				010	图书排架的种类	X
	E	书目工作知识（04: 03: 02）	9%	001	书目的概念	X
				002	书目工作的基本内容	X
				003	书目的社会作用	Y
				004	文献揭示的基础	Z
				005	文献揭示的原则	Z
				006	文献揭示的基本方法	X
				007	文献的编排要求	Y
				008	文献报道的基本内容	Y
				009	一次文献的概念	X

续表

行为领域	代码	鉴定范围（重要程度比例）	鉴定比重	代码	鉴定点	重要程度
专业知识B 75%	F	读者工作知识（04：03：02）	9%	001	读者阅读需要的类型	X
				002	省级公共图书馆读者阅读的特点	Y
				003	科研单位图书馆读者阅读的特点	X
				004	高等学校图书馆读者阅读的特点	Y
				005	阅览服务的内容	X
				006	外借服务的内容	X
				007	参考咨询服务的概念	Y
				008	定期服务的概念	Z
				009	读者工作的基本原则	Z

注：X—核心要素；Y—一般要素；Z—辅助要素。

理论知识试题

一、选择题(每题4个选项,只有1个是正确的,将正确的选项号填入括号内)

1. AA001 图书馆是保存( )的固定场所。
(A) 杂志 (B) 期刊 (C) 报纸 (D) 文献

2. AA001 图书馆在其( )年发展过程中,为人类做出了不可磨灭的贡献。
(A) 2000 (B) 2500 (C) 3000 (D) 3500

3. AA001 一生的绝大部分时间在大英博物院图书馆度过的人是( )。
(A) 马克思 (B) 恩格斯 (C) 黑格尔 (D) 奥斯丁

4. AA001 首次使用图书馆一词的是( )的施莱廷格。
(A) 美国 (B) 英国 (C) 法国 (D) 德国

5. AA002 第一部使用部首检字法的书是( )。
(A)《说文解字》 (B)《尔雅》 (C)《永乐大典》 (D)《辞海》

6. AA002 殷代后期距今约( )年前出现的甲骨文是流传至今最古老的文字。
(A) 2500 (B) 2800 (C) 3000 (D) 3300

7. AA002 用简策、木牍编连成册的图书在我国( )时代就已盛行了。
(A) 殷商 (B) 春秋 (C) 战国 (D) 秦国

8. AA002 "人类的全部生活,会在书本上有条不紊地留下印记,种族、人群、国家消失了,而书却留存下去"是( )作家赫尔岑说的。
(A) 美国 (B) 俄国 (C) 德国 (D) 英国

9. AA003 在中国,图书馆学这个名称出现于( )世纪初。
(A) 18 (B) 19 (C) 20 (D) 21

10. AA003 18世纪,( )的《儒藏说》是可以在图书馆学领域纳入历史的重要著作。
(A) 邱浚 (B) 郑樵 (C) 孙庆 (D) 周永年

11. AA003 图书馆学这个名称在古尔斯基所编的( )教材中首次使用。
(A)《图书馆学综合性教科书试编》
(B)《图书馆员教育》
(C)《图书馆学简明原理》
(D)《关于创办图书馆的意见书》

12. AA003 图书馆学是研究图书馆事业建设的( )及其工作规律的科学。
(A) 理论 (B) 原理 (C) 方法 (D) 原则

13. AA004 图书馆直接起源于( )图书的需要。
(A) 阅读 (B) 收集 (C) 保藏 (D) 借阅

14. AA004 图书馆是( )的一种产物。
(A) 资料丰富 (B) 图书过剩 (C) 文化成熟 (D) 人类文明

15. AA004 我国古代就有各种名称的公私藏书机构,( )使用图书馆之名。
(A) 宋代 (B) 元代 (C) 明代 (D) 清代

16. AA004　公元1896年,"图书馆"一词由（　）传到中国。
(A) 苏联　(B) 英国　(C) 德国　(D) 日本

17. AA005　世界图书馆史可分为（　）个时代。
(A) 三　(B) 四　(C) 五　(D) 六

18. AA005　建于公元7世纪（　）的阿舒尔巴尼帕王朝的宫廷图书馆是世界最古老的图书馆。
(A) 古埃及　(B) 古巴比伦　(C) 尼尼微　(D) 古希腊

19. AA005　现代图书馆,即多种知识载体并存时代的分界线为（　）年。
(A) 476　(B) 1876　(C) 1901　(D) 1917

20. AA006　古代宁波范围著名的藏书场所是（　）。
(A) 汲古阁　(B) 文汇阁　(C) 天一阁　(D) 得月楼

21. AA006　我国第一个公共图书馆于（　）年在湖南创建。
(A) 1904　(B) 1938　(C) 1945　(D) 1949

22. AA006　据史书记载,我国早在（　）代就有了档案、图籍的收藏。
(A) 夏　(B) 商　(C) 周　(D) 秦

23. AA006　我国图书馆的发展分（　）个阶段。
(A) 二　(B) 三　(C) 四　(D) 五

24. AA007　图书馆工作方式和手段将实现自动化主要以（　）为代表。
(A) 信息技术　(B) 电子技术　(C) 光纤通信　(D) 计算机

25. AA007　未来图书馆将变成经济实体是指（　）而言。
(A) 藏书　(B) 借阅　(C) 出租　(D) 生产情报知识

26. AA007　图书馆在信息时代中在观念上要做到（　）个方面的转变。
(A) 二　(B) 三　(C) 四　(D) 五

27. AA008　图书馆的性质是（　）。
(A) 社会性、学术性、查阅性、教育性
(B) 社会性、服务性、学术性、教育性
(C) 查阅性、学术性、服务性、教育性
(D) 社会性、学术性、服务性、查阅性

28. AA008　图书馆的工作人员应具备（　）的能力。
(A) 借书还书、参考咨询、情报服务、学术研究
(B) 借书还书、查阅资料、情报服务、学术研究
(C) 查阅资料、参考咨询、情报服务、学术研究
(D) 借书还书、参考咨询、情报服务、查阅资料

29. AA008　"窃维强国利民、莫壬于教育、而图书实为教育之母"是清代两江总督（　）的名言。
(A) 端方　(B) 曾国藩　(C) 陈梦雷　(D) 陈起

30. AA008　图书馆的本质属性是（　）。
(A) 社会和科学　(B) 服务和教育　(C) 收藏和检索　(D) 情报和学术

31. AA009　图书馆的一线工作为（　）。
(A) 收集　(B) 整理　(C) 典藏　(D) 服务

32. AA009 无论哪一个图书馆,其业务工作都是从文献（ ）工作开始的,这是整个图书馆工作的基础。

(A) 整理　(B) 收集　(C) 典藏　(D) 服务

33. AA009 图书馆工作流程第一步应是（ ）。

(A) 服务　(B) 整理　(C) 典藏　(D) 收集

34. AA009 文献保护是书库工作的基本任务之一,包括（ ）等。

(A) 修补、清理、防虫、防霉　(B) 清理、装订、防虫、防霉

(C) 修补、装订、防虫、防霉　(D) 修补、装订、清理、防霉

35. AA010 书库的划分工作、样本库的组织管理工作应由（ ）部门负责。

(A) 编目　(B) 典藏　(C) 咨询　(D) 特藏

36. AA010 列宁指出,（ ）是图书馆事业的灵魂。

(A) 领导　(B) 图书馆员　(C) 读者　(D) 指导思想

37. AA010 图书馆编目部门主要的技术工作是（ ）工作。

(A) 验收　(B) 登录　(C) 著录　(D) 索引

38. AB001 《辞海》对图书文献解释不正确的一项是（ ）。

(A) 书籍　(B) 图片　(C) 期刊　(D) 地形模型

39. AB001 联合国教科文组织解释文献页数应不少于（ ）页。

(A) 48　(B) 49　(C) 50　(D) 51

40. AB001 文献是指非期刊性的、不少于（ ）页的、印刷型的出版物。

(A) 46　(B) 49　(C) 48　(D) 47

41. AB001 书籍、期刊、图片、画册等出版物的总称是文献,这一解释是（ ）。

(A) 广义的　(B) 标准的　(C) 保守的　(D) 狭义的

42. AB002 文献是记录人类思想及其活动的（ ）。

(A) 手段　(B) 工具　(C) 依据　(D) 方法

43. AB002 文献的出现和发展,大大（ ）了人类交流的空间和时间障碍,加速了知识的再生产,提高了知识的利用率。

(A) 缩短　(B) 突破　(C) 减小　(D) 铺平

44. AB002 文献的出现和发展,使人类创造的一切知识财富,以（ ）的形式保存下来。

(A) 物化　(B) 实际　(C) 真实　(D) 灵活

45. AB002 文献的基本功能之一是（ ）。

(A) 保护　(B) 检索　(C) 存储　(D) 收集

46. AB003 把文献和资料的影像缩小记录下来的一种方法是（ ）。

(A) 复制　(B) 微缩复制　(C) 感光复制　(D) 微缩摄影

47. AB003 微缩复制是把文献和资料的（ ）记录下来的一种方法。

(A) 影像放大　(B) 影像复印　(C) 影像复制　(D) 影像缩小

48. AB003 不属于微缩复制品的是（ ）。

(A) 微缩胶片　(B) 微缩胶卷　(C) 微缩卡片　(D) 微缩样本

49. AB003 微缩复制品必须借助缩微文献（ ）将图像放大后才能阅读。

(A) 阅读器　(B) 放大器　(C) 浏览器　(D) 审阅器

50. AB004 声像型文献,也称（ ）。

(A) 文献　　(B) 录音带
(C) 视听资料或直感资料　　(D) 录像资料

51. AB004　按人们感官接受方式的不同,视听文献可分为（　）三种类型。
(A) 照片、录音带、有声影片
(B) 摄影胶卷、唱片、配音录像带
(C) 视觉文献、听觉文献、音像文献
(D) 照相底片、录音带、配音音像带

52. AB004　视听资料或直感资料也称为（　）文献。
(A) 声像型　(B) 录像型　(C) 录音型　(D) 图像型

53. AB005　定期出版的、报道时事新闻的出版物是（　）。
(A) 期刊　(B) 政府出版物　(C) 报纸　(D) 报道

54. AB005　有固定名称,每期版式基本相同并定期或不定期的连续性出版的出版物是（　）。
(A) 报纸　(B) 期刊　(C) 报告　(D) 图书

55. AB005　法国规定（　）页以上是书,该数值以下是小册子。
(A) 64　(B) 100　(C) 49　(D) 6

56. AB005　现代文献的类型分为图书、(　)、特种文献、缩微文献、视听文献、电子出版物。
(A) 报纸　(B) 文摘　(C) 报告　(D) 连续出版物

57. AB006　现代文献的特征不包括（　）。
(A) 数量大,增长速度快　　(B) 内容交叉重复
(C) 文献种类繁多　　(D) 文献异常分散

58. AB006　文献种类繁多不属于（　）的特征。
(A) 现代文献　(B) 图书文献　(C) 科技文献　(D) 特种文献

59. AB006　各国出版的科技期刊所采用的文种有（　）种之多。
(A) 60 ~ 70　(B) 70 ~ 80　(C) 80 ~ 90　(D) 50 ~ 60

60. AB007　利用检索工具或工具书去查找某些数据、公式、图表和统计资料等是（　）检索。
(A) 数据　(B) 公式　(C) 数值　(D) 专题

61. AB007　利用检索工具或工具书去查找某一学科、某一专业、某一专题的全部或部分的有关文献是（　）检索。
(A) 数据　(B) 事实　(C) 专题　(D) 文献

62. AB007　文献检索的类型,根据检索需求分为（　）。
(A) 专题检索、数据检索、事实检索
(B) 专题检索、数据检索、类别检索
(C) 专题检索、类别检索、事实检索
(D) 书顺检索、数据检索、类别检索

63. AB008　不属于文献采集购入方式的是（　）。
(A) 订购　(B) 选购　(C) 接收　(D) 复制

64. AB008　文献采集的方式主要有（　）两种。
(A) 订购、选购　(B) 购入、非购入　(C) 调拨、选购　(D) 订购、征集

65. AB008　文献采集的正确程序是（　）。
(A) 选择文献、订购文献、文献验收、文献登记

(B) 选择文献、文献验收、订购文献、文献登记
(C) 选择文献、订购文献、文献登记、文献验收
(D) 订购文献、选择文献、文献验收、文献登记

66. AB008 不属于文献采集的非购入方式的是( )。
(A) 接收 (B) 调拨 (C) 交换 (D) 复制

67. AB009 某作者在报纸上发表了一篇研究列宁论述图书馆工作的文章,要查出这篇文章可用( )。
(A)《列宁全集索引》 (B)《全国报刊索引》
(C)《文汇报索引》 (D)《中国百科索引》

68. AB009 以文献末尾所附的参考文献资料或引文文献为线索,逐一追踪检索的方法是( )。
(A) 直查法 (B) 顺查法 (C) 扩展法 (D) 扩充法

69. AB009 在计划检查年限内,从时间上由远而近进行查找的方法是( )。
(A) 顺查法 (B) 倒查法 (C) 直查法 (D) 顺时法

70. AB009 查找文献的基本途径是根据文献的( )特征,通过检索工具进行检索。
(A) 书名特征和著者 (B) 分类特征和主题
(C) 外表特征和内在 (D) 书名特征和主题

71. AB010 图书馆对外借阅工作的要求是( )。
(A) 迅速 (B) 准确
(C) 有条不紊 (D) 迅速、准确、有条不紊

72. AB010 将图书馆所收藏的所有知识载体,通过外借、阅览、复制、馆外流通等手段提供给读者使用的过程是( )。
(A) 文献流通 (B) 文献采集 (C) 文献阅览 (D) 文献外借

73. AB010 图书流通工作包括( )服务。
(A) 外借、阅览 (B) 邮购、外借 (C) 预约、阅览 (D) 外借、预约

74. AC001 在《现代汉语词典》中查"李"字可查( )旁。
(A) 木 (B) 子 (C) 一 (D) 木或子

75. AC001 "彬"字在《现代汉语词典》中查( )画。
(A) 8 (B) 11 (C) 7 (D) 3

76. AC001 "凸"字是( )画。
(A) 3 (B) 4 (C) 5 (D) 6

77. AC001 "繁"字是( )画。
(A) 16 (B) 17 (C) 18 (D) 19

78. AC002 专名和姓氏的注音在字典中,第一个字母应( )写。
(A) 大 (B) 小 (C) 大或小 (D) 不

79. AC002 "光"的拼音应是( )。
(A) guāng (B) gāng (C) guān (D) guāg

80. AC002 "之"字在音序法查找时应先查( )。
(A) Z (B) ZH (C) ZHI (D) ZHī

81. AC002 "售"的拼音应是( )。

(A) sou (B) shuo (C) shou (D) suo

82. AD001 能够自动、高速、精确的进行信息处理的现代化电子设备是（ ）。
(A) 信息处理器 (B) 电子计算机 (C) 微处理器 (D) 电子计算器

83. AD001 世界上第一台电子计算机叫做（ ）。
(A) ENIC (B) ENUNC (C) ENIAC (D) ENUIC

84. AD001 世界上第一台电子计算机 ENIAC 产生于（ ）年 3 月。
(A) 1944 (B) 1945 (C) 1946 (D) 1947

85. AD002 目前世界上的巨型计算机可每秒钟执行（ ）条指令，而一般的 PC 机每秒钟也可执行百万次指令。
(A) 30 亿 (B) 40 亿 (C) 50 亿 (D) 60 亿

86. AD002 程序和数据在计算机内部是以（ ）编码形式存在的。
(A) 十进制 (B) 拼音码 (C) 二进制 (D) 内码

87. AD002 不属于计算机的特点的是（ ）。
(A) 速度快 (B) 存储容量大 (C) 准确性高 (D) 利用率高

88. AD002 第四代计算机使用的电子器件是（ ）。
(A) 电子管 (B) 集成电路
(C) 晶体管 (D) 大规模集成电路

89. AD003 计算机电子器件的发展过程是（ ）。
(A) 电子管、集成电路、大规模集成电路、智能
(B) 电子管、晶体管、集成电路、大规模集成电路
(C) 电子管、晶体管、集成电路、智能
(D) 晶体管、电子管、集成电路、大规模集成电路

90. AD003 计算机电子器件发展过程中，第二代电子器件是（ ）。
(A) 电子管 (B) 晶体管
(C) 集成电路 (D) 大规模集成电路

91. AD003 计算机电子器件发展过程中，第一代电子器件是（ ）。
(A) 电子管 (B) 晶体管
(C) 集成电路 (D) 大规模集成电路

92. AD003 计算机今后发展的总趋势是网络化、多媒体化、智能化、（ ）、微型化。
(A) 文字化 (B) 语言化 (C) 巨型化 (D) 图像化

93. BA001 图书分类法是一种（ ）语言。
(A) 分类标记 (B) 分类查找 (C) 分类排序 (D) 分类检索

94. BA001 每个类目必须给予相应的名称来表示该类固有性质，这个名称叫（ ）
(A) 类 (B) 分类 (C) 类名 (D) 类分

95. BA001 图书分类包括（ ）两个含义。
(A) 类、归类 (B) 分类、归类
(C) 分类含义、分类标准 (D) 分类任务、分类应用

96. BA002 揭示分类表的结构及使用方法的是（ ）。
(A) 基本大类 (B) 标记符号
(C) 说明和注释 (D) 类目索引

97. BA002 图书分类法结构形式类目表由基本大类、简表、详表、( ) 组成。

(A) 类别表 (B) 复分表 (C) 分类表 (D) 附注表

98. BA002 图书分类法结构中,以主题字顺方式编排的利用分类法的工具是 ( )。

(A) 标记符号 (B) 分类索引 (C) 注释 (D) 类目索引

99. BA003 八分法编号方法又称 ( )。

(A) 双位制 (B) 扩九法 (C) 借号法 (D) 层累法

100. BA003 八分法编号时,当同位数目超过 ( ) 个时,前八个类目用个位数 1 ~ 8,从第九个类目起用 91、92、93……98 等符号表示。

(A) 8 (B) 9 (C) 10 (D) 11

101. BA003 八分法编号多用于 ( ) 编号制度中。

(A) 层累制 (B) 顺序制

(C) 层累顺序混合制 (D) 借号法

102. BA004 《中图法》编号制度基本上采用 ( ) 制。

(A) 层累 (B) 借号 (C) 双位 (D) 八分

103. BA004 《中图法》分类表大类序列"K"代表的是 ( )。

(A) 文学 (B) 历史,地理 (C) 艺术 (D) 政治

104. BA004 《中图法》分类表大类序列"R",表示的是 ( )。

(A) 医药、卫生 (B) 工业科学 (C) 生物科学 (D) 农业科学

105. BA004 《中图法索引》是《中图法》及其扩编本 ( ) 两部分类法的类目索引。

(A)《科图法》 (B)《资料法》 (C)《简本》 (D)《复分表》

106. BA005 《科图法》类目号码五大类 25 个基本大类采用 ( ) 数序制来表示。

(A) 01 ~ 99 (B) 01 ~ 100 (C) 00 ~ 99 (D) 00 ~ 100

107. BA005 《科图法》图书分类表中序号"54"代表的是 ( )。

(A) 物理学 (B) 天文学 (C) 化学 (D) 力学

108. BA005 《科图法》图书分类表所划分的大部分和大类数值正确的是 ( )。

(A) 4,25 (B) 5,25 (C) 4,26 (D) 5,26

109. BA005 《科图法》图书分类表中代表化学的序号是 ( )。

(A) "53" (B) "54" (C) "55" (D) "56"

110. BA006 《人大法》第一次将 ( ) 列为基本大类,并位于首位,在内容和形式上有强烈的思想性。

(A) 哲学 (B) 国防、军事

(C) 马克思列宁主义毛泽东著作 (D) 社会科学、政治

111. BA006 我国建国以后第一部力图以马列主义、毛泽东思想为指导编制的图书分类法是 ( )。

(A)《中图法》 (B)《科图法》 (C)《分类法》 (D)《人大法》

112. BA006 《人大法》共有 ( ) 个复分表。

(A) 10 (B) 9 (C) 8 (D) 7

113. BA006 《人大法》将分类表分为四大部类,即 ( )。

(A) 总结科学、经济科学、文化科学、艺术图书

(B) 总述科学、社会科学、文化科学、艺术科学

(C) 总述科学、经济科学、自然科学、综合科学
(D) 总结科学、社会科学、自然科学、综合科学

114. BA007 不属于参考工具书的是( )。
(A) 索引 (B) 目录 (C) 百科全书 (D) 参考资料

115. BA007 编录古书中的有关内容,按一定顺序编排以便寻检和征引的工具书是( )。
(A) 年鉴 (B) 类书 (C) 手册 (D) 索引

116. BA007 收集有关名词术语加以解释并按一定次序编排的工具书是( )。
(A) 百科全书 (B) 索引 (C) 词典 (D) 类书

117. BA008 丛书分类有( )两种。
(A) 综合、分散 (B) 综合、专题 (C) 集中、专题 (D) 集中、分散

118. BA008 汇集许多单独著作成为一套并具有一个总书名的出版物是( )。
(A) 工具书 (B) 多卷书 (C) 丛书 (D) 类书

119. BA008 目录分为( )两种。
(A) 物品、图书 (B) 索引、辅助 (C) 物品、辅助 (D) 索引、图书

120. BA009 多卷书《半导体会议文集》应归入( )类。
(A) 自然科学 (B) 半导体物理
(C) 社会科学 (D) 文学

121. BA009 同一著作分若干卷(册)出版的图书是( )。
(A) 手册 (B) 丛书 (C) 类书 (D) 多卷书

122. BA009 多卷书《李四光文集》应归入( )。
(A) 地质学 (B) 文学 (C) 百科全书 (D) 人文、地理

123. BA010 《毛泽东论党的建设》可分类到( )。
(A) A462 (B) B27 (C) D412.0 (D) E58

124. BA010 《马克斯、恩格斯、列宁、斯大林论宗教》可分类入( )。
(A) B92 (B) A563 (C) D501 (D) D564

125. BA010 《资本论》可分类入( )。
(A) F0-01 (B) F014.2 (C) A123 (D) A85

126. BA011 《中国哲学史稿》可分类入( )。
(A) K15 (B) K20 (C) D50 (D) D441

127. BA011 《神经症与人的成长》可分类入( )。
(A) R455 (B) R741 (C) B841 (D) B670

128. BA011 《古典神话》可分类入( )。
(A) I207.4 (B) I276.5 (C) I246.4 (D) B932

129. BA012 《社会科学方法》可分类入( )。
(A) C03 (B) G301 (C) G305 (D) C35

130. BA012 《适度人口经济理论》可分类入( )。
(A) B946 (B) C92 (C) C36 (D) C47

131. BA012 《全球战略管理》可分类入( )。
(A) F203 (B) F123.16 (C) C93 (D) C913

132. BA013 《中国与周边国家关系》可分类入( )。
(A) D829 (B) D12 (C) DF974 (D) E115

133. BA013 《刑法学》可分类入（ ）。
(A) D926.1 (B) D924 (C) D923.9 (D) D993

134. BA013 《中国共产党党章教程》可分类入（ ）。
(A) D17 (B) D145 (C) D261.4 (D) D219

135. BA014 《军事大辞典》可分类入（ ）。
(A) D512 (B) D562 (C) E-61 (D) 10

136. BA014 《军事与外交》可分类入（ ）。
(A) D693.72 (B) E-05 (C) 633 (D) E19

137. BA014 《部队日常生活与军事基础训练》可分类入（ ）。
(A) E20 (B) G05 (C) E251 (D) E237

138. BA015 《会计学原理》可分类入（ ）。
(A) F0 (B) F221 (C) F290 (D) F230

139. BA015 《旅游资源与开发》可分类入（ ）。
(A) F590.3 (B) K928.70 (C) F60 (D) D922.295

140. BA015 《农业发展论》可分类入（ ）。
(A) S56 (B) F303 (C) S37 (D) F40

141. BA016 《信息技术》可分类入（ ）。
(A) G202 (B) TP274 (C) TP301.1 (D) G240

142. BA016 《节庆日板报造型》可分类入（ ）。
(A) J292.1 (B) J292.2 (C) G241.1 (D) J292.3

143. BA016 《中学英语常用词正误辨析手册》可分类入（ ）。
(A) H319 (B) G623.31 (C) J3 (D) O426

144. BA017 《多音字正音组词词典》可分类入（ ）。
(A) H795 (B) J292 (C) H319 (D) H02-61

145. BA017 《新编应用文写作》可分类入（ ）。
(A) H152.3 (B) K290 (C) H64 (D) I207

146. BA017 《考研英语词汇分频突破》可分类入（ ）。
(A) H14 (B) G63 (C) H313 (D) I247

147. BA018 《雨果文集》可分类入（ ）。
(A) I286 (B) K73 (C) I565.14 (D) H02

148. BA018 《戏剧影视文艺学》可分类入（ ）。
(A) K771 (B) J821 (C) I712 (D) I053

149. BA018 《中国现代文学评说》可分类入（ ）。
(A) K26 (B) I206.6 (C) I247.5 (D) O613.61

150. BA019 《中国古今书家辞典》可分类入（ ）。
(A) J292 (B) K383.2 (C) I25 (D) B84

151. BA019 《华夏审美文化的集结——中国的雕塑艺术》可分类入（ ）。
(A) J30 (B) B84 (C) C934 (D) H07

152. BA019 《舞蹈入门》可分类入（ ）。
(A) I247.5 (B) G24 (C) J71 (D) B83

153. BA020 《论历史》可分类入（ ）。

(A) I210 (B) H319 (C) D91 (D) K06

154. BA020 《山口百惠自传》可分类入（ ）。

(A) I25 (B) K833.13 (C) B21 (D) F40

155. BA020 《明明白白去旅游》分类入（ ）。

(A) K928.9 (C) I25 (C) D90 (D) H01

156. BB001 不属于部门目录所在范围的是（ ）目录。

(A) 总 (B) 分馆 (C) 借书处 (D) 阅览室

157. BB001 主要供读者在阅览室借阅图书时使用的目录叫（ ）目录。

(A) 读者 (B) 工作 (C) 公务 (D) 勤务

158. BB001 按载体划分的目录是（ ）目录。

(A) 书本 (B) 活页 (C) 机读 (D) 题名

159. BB001 不属于供图书馆工作人员开展内部工作时使用的目录是（ ）目录。

(A) 公务 (B) 工作 (C) 勤务 (D) 公共

160. BB002 《文献著录总则》自（ ）年4月起实施。

(A) 1981 (B) 1982 (C) 1983 (D) 1984

161. BB002 书目文献出版社出版的《中文普通图书统一著录条例》发行于（ ）年。

(A) 1977 (B) 1978 (C) 1979 (D) 1980

162. BB002 标准著录法是指采用国家标准《文献著录总则》及其有关（ ）进行著录的方法。

(A) 规定 (B) 分则 (C) 要求 (D) 标准

163. BB002 文献著录格式采用（ ）段空格法。

(A) 三 (B) 四 (C) 五 (D) 六

164. BB003 第一责任者，与本版有关的责任者的著录项目标识符是（ ）。

(A) = (B) : (C) / (D) ,

165. BB003 文献类型标识、自拟著录内容的识别符是（ ）。

(A) ( ) (B) [ ] (C) ~ (D) …

166. BB003 ISBD是（ ）的英文简称。

(A)《文献著录总则》 (B)《国际标准书目著录》

(C)《普通图书著录规则》 (D)《排书资料著录规则》

167. BB004 著录格式中的书本式，其著录格式一般采用（ ）著录。

(A) 分组 (B) 简化 (C) 分析 (D) 标准

168. BB004 著录格式是构成款目的各个著录事项的（ ）上的排列顺序及其表达方式。

(A) 版本 (B) 载体 (C) 出版物 (D) 卡片

169. BB004 著录格式中的卡片式，其规格统一为（ ）。

(A) 12cm×7cm (B) 12.5cm×7.5cm

(C) 13cm×8cm (D) 13.5cm×8.5cm

170. BB005 古籍图书可采用规范的（ ）字著录。

(A) 简化 (B) 繁体 (C) 异体 (D) 人们认可

171. BB005 各种文献的著录标准中十分强调著录文字的（ ）。

(A) 正确　(B) 准确　(C) 规范　(D) 标准

172. BB005 中文文献应以简化汉字著录,简化汉字可依据中国文字改革委员会（　）年5月编辑印刷的《简化字总表》为准。

(A) 1963　(B) 1964　(C) 1965　(D) 1966

173. BB006 著录项目是认识文献的（　）。

(A) 方法　(B) 途径　(C) 根据　(D) 步骤

174. BB006 著录项目构成了著录（　）,即款目的组成部分。

(A) 内容　(B) 形式　(C) 环节　(D) 步骤

175. BB006 文献类型本身的（　）,决定了不同文献著录原则上著录项目的差异。

(A) 内容　(B) 特点　(C) 性质　(D) 形式

176. BB006 包括出版地或发行地、出版者或发行者、出版日期或发行日期以及印刷地、印刷者和印刷日期等项目称为（　）。

(A) 版本项　(B) 出版发行项　(C) 载体形态项　(D) 丛编项

177. BB007 著录条例是编目工作者的操作（　）。

(A) 规程　(B) 规范　(C) 制度　(D) 要求

178. BB007 文献著录原则是著录某一类型文献时的（　）依据。

(A) 直接　(B) 间接　(C) 关键　(D) 参考

179. BB007 属于文献著录细则的是（　）。

(A)《文献著录总则》(GB 3792.1—1983)

(B)《国际标准书目著录》(ISBD)

(C)《英美编目条例》(AACR Ⅱ)

(D)《文献类型与文献载体代码》(GB 346—1983)

180. BB008 书名页上用两种或两种以上文字互相对照的书名,其中第二个及其以后的书名称做（　）。

(A) 副书名　(B) 交替书名　(C) 合订书名　(D) 并列书名

181. BB008 正书名不包括（　）书名。

(A) 单纯　(B) 交替　(C) 合订　(D) 副

182. BB008 单纯书名按照（　）著名。

(A) 原书所题　(B) 附注项　(C) 副书名　(D) 说明书名

183. BB009 出版期是指（　）时间。

(A) 排版　(B) 印刷　(C) 发行　(D) 出售

184. BB009 不符合出版发行项的一项是（　）。

(A) 出版发行地　(B) 出版发行者　(C) 出版发行社　(D) 出版发行年月

185. BB009 假设一本书发行时间为民国38年,著录时应换成公元（　）年。

(A) 1945　(B) 1946　(C) 1948　(D) 1949

186. BB010 著录版次均用（　）著录。

(A) 大写数字　(B) 阿拉伯数字　(C) 英语字母次序　(D) 天干地支顺序

187. BB010 不属于著录的版次的是（　）。

(A) 第一版　(B) 第二版　(C) 第三版　(D) 第四版

188. BB010 不按原书版刻著录的一项是（　）。

(A) 铅印本　(C) 石印本　(C) 影印本　(D) 油印本

189. BB010　翻译著作及影印著作的原著版及版本形式概念不作为版本项内容,应著录于（　）项。
(A) 版本　(B) 出版发行　(C) 丛编　(D) 附注
190. BB011　直接用于取还图书的号码是（　）号。
(A) 登录　(B) 分类　(C) 索书　(D) 根查
191. BB011　不属于完全分类号的一项是（　）分类号。
(A) 主要　(B) 附加　(C) 分析　(D) 综合
192. BB011　不属于图书馆业务注记的一项是（　）。
(A) 索书号　(B) 藏书地点　(C) 根查　(D) 题名目录
193. BB012　不属于普通图书前置部分的一项是（　）。
(A) 序言　(B) 目次　(C) 跋　(D) 凡例
194. BB012　属于普通图书后附部分的一项是（　）。
(A) 题名页　(B) 凡例　(C) 目次　(D) 版权页
195. BB012　书名与责任者项以（　）为主。
(A) 封面　(B) 序言　(C) 书名页　(D) 后记
196. BB012　载体形态项、附注项、提要项、排检项应以（　）为著录来源。
(A) 整部图书　(B) 部分章节　(C) 重点段落　(D) 内容提要
197. BB013　属于第一著录级次项的是（　）。
(A) 印刷项　(B) 丛编项　(C) 版本项　(D) 附注项
198. BB013　属于第二著录级次项的是（　）。
(A) 出版发行者　(B) 版本项　(C) 出版发行日期　(D) 印制日期
199. BB013　说明款目著录项目（　）情况的就是著录级次。
(A) 三次　(B) 详简　(C) 多少　(D) 大小
200. BB013　各类型图书馆在编制各种目录时通常采用（　）级次。
(A) 基本　(B) 简要　(C) 详细　(D) 第一著录
201. BB014　以图为主的散页、图片或挂图不应以（　）计算。
(A) 张　(B) 幅　(C) 帖　(D) 联
202. BB014　尺寸或开本,是指图书书型的（　）。
(A) 大小　(B) 宽窄　(C) 厚薄　(D) 长短
203. BB014　32 开本的图书,其高度为 18.4cm,应著录为（　）。
(A) 18.4cm　(B) 18.6cm　(C) 18.6cm　(D) 19cm
204. BB015　丛书分散著录其款目的显著特点是（　）。
(A) 版权页　(B) 责任方式　(C) 参照全书　(D) 丛书项
205. BB015　丛书编者,是指（　）部丛书的总编辑者。
(A) 一　(B) 二　(C) 三　(D) 多
206. BB015　丛书项只有在丛书（　）著录时才出现。
(A) 汇总　(B) 分散　(C) 集中　(D) 单独
207. BB015　丛书的国际连续出版物编号是（　）。
(A) ISBN　(B) IBSN　(C) ISSN　(D) ISNS
208. BB016　地图著录中的重要项目是（　）。

(A) 地图投影　(B) 比例尺　(C) 二分点　(D) 历元

209. BB016　多卷书是指同一著作分（　）卷(册)出版的书。

(A) 上下　(B) 上中下　(C) 四　(D) 若干

210. BB016　零星资料的分组著录是以（　）组资料为著录单位进行的著录。

(A) 一　(B) 二　(C) 三　(D) 若干

211. BB016　国家标准局于（　）年2月正式发布国家标准《非书资料著录规则》(GB 3792.4—1985)。

(A) 1982　(B) 1983　(C) 1984　(D) 1985

212. BB017　传世古籍最常见的装订方式是（　）。

(A) 卷轴装　(B) 旋风装　(C) 线装　(D) 经折装

213. BB017　因原书篇幅过大,刻印时只节取其中一部分,或是因为其他原因予以删节的,称为（　）。

(A) 足本　(B) 残本　(C) 节本　(D) 孤本

214. BB017　不属于同一概念的一项是（　）。

(A) 刻本　(B) 拓本　(C) 椠本　(D) 刊本

215. BC001　不属于期刊的一项是（　）。

(A) 周刊　(B) 月刊　(C) 季刊　(D) 周报

216. BC001　属于期刊的一项是（　）。

(A) 年鉴　(B) 学会会志　(C) 求是　(D) 会报

217. BC001　不属于连续出版物的一项是（　）。

(A) 报纸　(B) 年鉴　(C) 会报　(D) 汇编

218. BC002　不属于期刊封面封底刊载的一项是（　）。

(A) 出版机构　(B) 卷期号　(C) 刊名　(D) 封面说明

219. BC002　读者查找期刊文章及其内容、作者的重要依据是（　）。

(A) 目次　(B) 总目次　(C) 目录　(D) 目次、总目次

220. BC002　期刊的主要部分是（　）。

(A) 目录　(B) 正文　(C) 报　(D) 跋

221. BC003　期刊的固定的刊名和出版形式是（　）。

(A) 长期的　(B) 短期的　(C) 一定时期的　(D) 无限期的

222. BC003　期刊连续出版,出版周期比较（　）。

(A) 稳定　(B) 固定　(C) 不稳定　(D) 不固定

223. BC003　期刊在一定时期内,其（　）有一个相对固定的范畴。

(A) 内容　(B) 形式　(C) 思想　(D) 容量

224. BC004　属于艺术类期刊的是（　）。

(A)《国际摄影》(B)《中华气功》　(C)《理论与实践》(D)《人民文学》

225. BC004　按印刷载体划分不属于期刊的一项是（　）。

(A) 印刷型　(B) 机械型　(C) 缩微型　(D) 磁带型

226. BC004　在我国目前的期刊类型中（　）以上为印刷型。

(A) 60%　(B) 70%　(C) 80%　(D) 90%

227. BC005　连续出版物的本质特征是（　）。

(A) 连续出版　(B) 有统一题名　(C) 分期编号出版　(D) 多人撰写编辑

228. BC005　期刊传递的内容新，是人们（　）新知识的重要源泉之一。
(A) 学习　(B) 获取　(C) 研究　(D) 探讨

229. BC005　期刊包括的内容（　），可为读者在科研、学习和生活方面解决问题，提高文化素质。
(A) 全面　(B) 广泛　(C) 丰富　(D) 通俗易懂

230. BC006　大中型图书馆期刊典藏流程正确的一项是（　）。
(A) 清点—剔旧—保管　(B) 保管—清点—剔旧
(C) 剔旧—清点—保管　(D) 保管—剔旧—清点

231. BC006　小型图书馆期刊典藏流程正确的一项是（　）。
(A) 清点—排架—保管—剔旧　(B) 剔旧—清点—排架—保管
(C) 排架—保管—清点—剔旧　(D) 保管—剔旧—清点—排架

232. BC006　期刊收集正确的流程是（　）。
(A) 订购—验收—保管　(B) 验收—分类—保管
(C) 订购—验收—登记　(D) 订购—分类—登记

233. BC007　合一管理形式，即现刊与过刊（　）放排架，在同一处借阅。
(A) 随便　(B) 单　(C) 混　(D) 堆

234. BC007　分别管理的形式，即现刊与过刊（　）管理形式。
(A) 结合　(B) 同一　(C) 分开　(D) 混合

235. BC007　学科与工序相结合的管理形式，即将期刊按自然科学与社会科学分，其工序采用（　）的管理形式。
(A) 采　(B) 采、编　(C) 采、编、阅　(D) 编阅

236. BC007　不属于期刊管理形式的一项是（　）。
(A) 合一式　(B) 学科与工序相结合
(C) 文种与工序相结合　(D) 参考咨询式

237. BC008　期刊搜集的主要途径是（　）。
(A) 接受赠送　(B) 复制　(C) 交换　(D) 订购

238. BC008　期刊订购要联系或注意（　）。
(A) 书店　(B) 邮局
(C) 报纸　(D)《报刊简明目录》

239. BC008　期刊订购主要坚持从（　）出发的原则。订购的数量和品种要适应本单位的需要。
(A) 效益　(B) 实际　(C) 专业　(D) 工作

240. BC009　期刊登记盖章时应盖在（　）处。
(A) 封面　(B) 期卷号　(C) 封面明显　(D) 人物头部

241. BC009　期刊登记是期刊原始的记录，其形式多为（　）式。
(A) 表格　(B) 卡片　(C) 软件　(D) 复印

242. BC009　期刊分类多采用《中图法》，类目最多分到（　）级。
(A) 二　(B) 三　(C) 四　(D) 五

243. BC009　期刊分类主要以（　）为依据。

(A) 刊名　(B) 出版社　(C) 内容　(D) 地区

244. BC010 我国期刊联合目录的编制开始于20世纪（　）年代末。
(A) 20　(B) 30　(C) 40　(D) 50

245. BC010 中文报刊字顺目录一般有（　）种编排方法。
(A) 两　(B) 三　(C) 四　(D) 五

246. BC010 反映某一单位的期刊入藏情况的期刊目录为（　）目录。
(A) 使用对象　(B) 典藏范围　(C) 查找角度　(D) 不同文种

247. BD001 图书馆藏书是指（　）。
(A) 刚补充未经加工的书
(B) 已剔除尚未处理的书
(C) 为交换和赠送而暂时存放的书
(D) 经过加工,选择能投入流通的文献总和

248. BD001 图书馆藏书可分为（　）种。
(A) 一　(B) 二　(C) 三　(D) 四

249. BD001 图书馆藏书建设是指（　）。
(A) 书刊采购　(B) 藏书补充　(C) 藏书知识体系　(D) 文献资源分析

250. BD002 图书馆开展的一切工作是以其（　）为基础的。
(A) 图书管理员　(B) 领导干部　(C) 馆藏　(D) 图书

251. BD002 现在许多人把文献资料与材料、能源在发展社会中的作用以（　）关系对待。
(A) 并列　(B) 高于　(C) 低于　(D) 无关联

252. BD002 在信息社会中,国家的进步与落后,（　）程度取决于国家的文献交流和文献情报吸收的能力。
(A) 绝对　(B) 很大　(C) 一般　(D) 微小

253. BD003 藏书建设的内容包括（　）方面工作。
(A) 一　(B) 二　(C) 三　(D) 四

254. BD003 藏书规划必须随着时间的推移、情况的变化进行必要的（　）。
(A) 修改和补充　(B) 修改和调整
(C) 调整和补充　(D) 修改、调整和补充

255. BD003 藏书建设的内容是（　）。
(A) 藏书补充、藏书规划、藏书协调、藏书采购
(B) 藏书规划、藏书协调、藏书采购、藏书组织
(C) 藏书补充、藏书规划、藏书协调、藏书组织
(D) 藏书采购、藏书补充、藏书协调、藏书组织

256. BD004 图书馆藏书要相对注重（　）藏书。
(A) 一般　(B) 重点　(C) 特点　(D) 正本

257. BD004 藏书建设经济性原则就是（　）原则。
(A) 勤俭　(B) 创收　(C) 节约　(D) 核算

258. BD004 图书馆藏书建设原则中目的性原则要以（　）方面体现。
(A) 图书馆性质、方针任务、读者对象、地方特点
(B) 图书馆性质、方针任务、读者对象、学术特点

(C) 图书馆性质、读者对象、学术特点、地方特点
(D) 读者对象、学术特点、地方特点、方针任务

259. BD004 数量与质量、重点与一般、复本与品种是藏书建设（ ）原则。
(A) 目的性 (B) 系统性 (C) 剔除性 (D) 经济性

260. BD005 藏书剔除是图书馆藏书建设的一个（ ）方面。
(A) 首要 (B) 重要 (C) 主要 (D) 关键

261. BD005 图书的剔除问题，是图书馆（ ）管理的重要组成部分，越来越引起人们的重视。
(A) 系统 (B) 科学 (C) 现代 (D) 组织

262. BD005 藏书的剔旧工作，是解决图书馆书库空间紧张，提高（ ），更好发挥藏书效益的重要措施。
(A) 藏书数量 (B) 藏书环境 (C) 管理水平 (D) 藏书质量

263. BD006 对有流通价值的图书，应按（ ）留书，只处理多余的复本。
(A) 藏书量 (B) 图书的分类 (C) 采购标准 (D) 借阅需求

264. BD006 没有读者对象而有一定价值的图书，视今后有无（ ），酌情留一两本。
(A) 价值 (B) 意义 (C) 存储空间 (D) 读者

265. BD006 具有（ ）性特点的图书，本地区留书高于外地书。
(A) 学术 (B) 地区 (C) 社会 (D) 教育

266. BD007 不属于藏书剔除之列的选项是（ ）。
(A) 观点旧 (B) 版面旧 (C) 技术旧 (D) 方法旧

267. BD007 一般情况下，图书馆复本过多的书籍是（ ）。
(A) 工具类 (B) 科技类 (C) 文艺类 (D) 政治理论

268. BD007 藏书剔除的范围不包括（ ）的藏书。
(A) 复本多且呆滞 (B) 陈旧过时
(C) 时效性强 (D) 残缺破损

269. BD008 不属于图书登录方式的一项是（ ）。
(A) 籍记式 (B) 表格式 (C) 活页式 (D) 卡片式

270. BD008 图书登录的格式要（ ）。
(A) 准确 (B) 整规 (C) 统一 (D) 标准

271. BD008 作为图书登录方式，相对严密的一种为（ ）。
(A) 籍记式 (B) 活页式 (C) 卡片式 (D) 表格式

272. BD009 总括登录本月或季度入藏数、注销数可用（ ）笔书写。
(A) 红墨水 (B) 蓝墨水 (C) 黑墨水 (D) 圆珠

273. BD009 总括登录是图书馆图书财产的（ ）。
(A) 清单 (B) 总账 (C) 凭据 (D) 清册

274. BD009 不属于图书登录的一项是（ ）登录。
(A) 总括 (B) 个别 (C) 音像 (D) 报刊

275. BD010 图书馆图书采用内容排架主要以（ ）为依据。
(A)《人大法》 (B)《中图法》
(C)《杜威十进分类法》 (D)《冒号分类法》

276. BD010 图书排架通常采用（　）排架法。

(A) 字顺　(B) 分类　(C) 登录号　(D) 顺序号

277. BD010 固定排架法中，对5 $\frac{10}{7}$的正确解释是（　）。

(A) 5架7层10册　(B) 10架5层7册

(C) 5架10层7册　(D) 10架7层5册

278. BE001 目录又称（　）。

(A) 编目　(B) 书目　(C) 索引　(D) 款目

279. BE001 目录是在人类社会发展到一定阶段，积累了一定数量的（　）以后产生的。

(A) 文字　(B) 知识　(C) 文献　(D) 文人

280. BE001 目录的本质特征在于它向读者揭示和报道有关文献的（　）。

(A) 内容　(B) 信息　(C) 含义　(D) 精神

281. BE002 不属于目录工作的一项是（　）。

(A) 书目工作　(B) 书目参考　(C) 图书登录　(D) 书目情报服务

282. BE002 目录工作是（　）发展到一定阶段的产物。

(A) 文字　(B) 文献　(C) 人类社会　(D) 图书

283. BE002 书目工作包括书目参考和书目（　）服务。

(A) 阅览　(B) 检索　(C) 情报　(D) 咨询

284. BE003 以下对书目的比喻不正确的是（　）。

(A) 钥匙　(B) 指南针　(C) 航海图　(D) 宝石

285. BE003 科研领导部门从事科研工作与书目无关的一项是（　）。

(A) 确定科研方针政策　(B) 选择科研课题

(C) 进行科学管理　(D) 制定科研规划

286. BE003 书目工具报道最新研究成果正确的一项是（　）。

(A) 专著、论文、专利说明书、报告

(B) 专著、论文、工作计划、报告

(C) 专著、论文、专利说明书、工作计划

(D) 工作计划、论文、专利说明书、报告

287. BE003 书目的社会作用体现在书目的（　）上。

(A) 学术价值、情报价值、教育职能

(B) 学术价值、教育价值、指导职能

(C) 科研价值、情报价值、教育职能

(D) 科研价值、情报价值、指导职能

288. BE004 书名是认识一部书的（　）。

(A) 特点　(B) 性质　(C) 起点　(D) 类型

289. BE004 认识和熟悉文献最有效、最基本的方法是（　）。

(A) 阅读　(B) 研究　(C) 讨论　(D) 思考

290. BE004 经常阅读书评资料，可以花较少的时间，（　）大量有关图书的知识。

(A) 了解　(B) 掌握　(C) 熟悉　(D) 获取

291. BE004 读者认识和熟悉图书的向导是图书的（　）。

(A) 目录　(B) 内容提要　(C) 背景　(D) 序跋

292. BE005　不属于文献外形特征的一项是（　）。

(A) 书名　(B) 提要　(C) 著者　(D) 出版者

293. BE005　提示文献的外形特征,能为读者准确辨认某一（　）文献提供条件。

(A) 特定　(B) 类型　(C) 具体　(D) 类别

294. BE005　文献揭示应当重视揭示文献的变化情况,使读者获得有关文献的（　）信息。

(A) 具体　(B) 合理　(C) 全面　(D) 准确

295. BE006　著录的完备性首先是选择（　）要完备。

(A) 方法　(B) 内容　(C) 过程　(D) 著录事项

296. BE006　书评是在更（　）的层次上,从政治思想性、科学价值、社会效益等方面,对图书分析、评价和介绍。

(A) 高　(B) 深　(C) 广　(D) 全

297. BE006　对文献外形和内容特征进行揭示和报道、著录是通过（　）来反映的。

(A) 版本项、著者项、书名项、著录格式

(B) 附注项、著者项、书名项、著录格式

(C) 附注项、著者项、书名项、版本项

(D) 附注项、书名项、版本项、著录格式

298. BE006　文献是揭示文献的基本方法,它以（　）形式复述原著。

(A) 局部　(B) 章节　(C) 具体　(D) 浓缩

299. BE007　不属于字顺编排法的一项是（　）。

(A) 形序法　(B) 主题编排法　(C) 号码法　(D) 音序法

300. BE007　文献编排方法中不够科学的一项是（　）。

(A) 部首法　(B) 笔顺法　(C) 笔画法　(D) 号码法

301. BE007　符合国际化发展方向的编排方法是（　）。

(A) 形序法　(B) 号码法　(C) 音序法　(D) 中国字度撷法

302. BE007　科学的编排文献,是为了系统地揭示与报道相关文献,使文献（　）化。

(A) 有序　(B) 合理　(C) 标准　(D) 规范

303. BE008　文献报道中最常见的、最重要的方式之一是（　）报道。

(A) 图书　(B) 期刊　(C) 报纸　(D) 书目

304. BE008　回溯性馆藏文献目录具有（　）。

(A) 报道的信息新颖,印刷出版及时

(B) 开展书目情报服务的重要检索工具

(C) 提供期刊发表的最新论文的检索线索

(D) 报道特指性强

305. BE008　文献报道的任务是将有关各种（　）源的信息,及时准确地通报给学者、专家,使文献能最大限度地得到利用。

(A) 出版　(B) 科技　(C) 情报　(D) 书目

306. BE009　《中国旅游地理》是（　）文献。

(A) 一次　(B) 二次　(C) 三次　(D) 四次

307. BE009　《红楼梦》是（　）文献。

(A) 一次　(B) 二次　(C) 三次　(D) 四次

308. BE009　《儿童歌曲集》是（　）文献。

(A) 一次　(B) 二次　(C) 三次　(D) 四次

309. BF001　在改革开放和经济建设的高潮中，读者（　）型阅读将是一种普遍社会现象和客观发展的趋势。

(A) 专业　(B) 社会　(C) 研究　(D) 业余

310. BF001　稳定的业余阅读兴趣往往成为个人（　）发展的组成部分。

(A) 学习　(B) 工作　(C) 智力　(D) 才能

311. BF001　专业型阅读需要是指从事学习和各种业务工作的读者的（　）需要。

(A) 工作　(B) 学习　(C) 研究　(D) 职业

312. BF002　省级公共图书馆是（　）举办的综合性公共图书馆。

(A) 省政府　(B) 文化厅　(C) 教育厅　(D) 国家

313. BF002　在大众读者中，各行各业的（　）读者占大多数。

(A) 中年　(B) 青年　(C) 老年　(D) 少年

314. BF002　国家举办的综合性公共图书馆是（　）公共图书馆。

(A) 市级　(B) 省级　(C) 县级　(D) 地方级

315. BF003　科研读者利用馆藏的方式以（　）为主。

(A) 查阅　(B) 参考　(C) 摘录　(D) 查阅参考

316. BF003　科研单位图书馆的读者对象主要是本单位、本系统的（　）人员。

(A) 技术　(B) 管理　(C) 科研　(D) 专业

317. BF003　科研单位图书馆（　）年以内的文献利用率较高。

(A) 5　(B) 10　(C) 15　(D) 20

318. BF003　科研单位图书馆读者所需（　）大都与从事的专业和研究课题有关。

(A) 图书　(B) 资料　(C) 文献　(D) 期刊

319. BF004　"高等学校图书馆的读者（　）是主要对象"是错误的。

(A) 教师　(B) 学生　(C) 职工　(D) 研究生

320. BF004　高等学校图书馆应当为研究生开展参考咨询和（　）服务。

(A) 热情　(B) 真诚　(C) 间接　(D) 情报

321. BF004　高校图书馆是为教学和科研服务的（　）性服务机构。

(A) 研讨　(B) 辅助　(C) 学术　(D) 文体

322. BF005　阅览服务是图书馆利用一定的（　）组织读者开展图书、文献阅读活动的服务方式。

(A) 图书　(B) 文献　(C) 期刊　(D) 空间设施

323. BF005　期刊、画报刊开架，可用薄夹板装订起来，政治类的可涂上（　）色以利于辨认。

(A) 绿　(B) 红　(C) 蓝　(D) 黄

324. BF005　阅览服务同其他服务方式相比较，阅览室具有服务读者的（　）功能。

(A) 独特　(B) 特殊　(C) 特定　(D) 独有

325. BF005　阅览室的类型不包括（　）阅览室。

(A) 普通　(B) 分科　(C) 开架　(D) 参考

326. BF006　读者获得借书证，意味着获得了使用图书馆藏书的（　）。

(A) 资格　(B) 条件　(C) 权力　(D) 凭证

327. BF006 外借服务是满足读者将部分藏书借出馆外,(   ) 阅读的方法。

(A) 促进 (B) 方便 (C) 自由 (D) 利于

328. BF006 馆际互借是图书馆之间,图书馆与文献情报部门之间,相互利用藏书满足读者(   ) 需要的外借服务形式。

(A) 流通 (B) 特殊 (C) 完善 (D) 参考

329. BF006 外借方法中最 (   ) 的服务方式是个人外借。

(A) 原始 (B) 常见 (C) 基础 (D) 基本

330. BF007 根据科研的课题,收集、编制各种通报性和专题性的书目、索引、文摘、快报等检索工具供读者参考,这就是 (   ) 工作。

(A) 书目 (B) 咨询 (C) 整理 (D) 归纳

331. BF007 以口头或书面形式解答读者提出的问题,这就是 (   ) 工作。

(A) 接待 (B) 咨询 (C) 公关 (D) 洽谈

332. BF007 参考咨询服务实质上是以文献为根据通过 (   ) 解答的方式,有针对性地向读者提供具体的文献、文献知识或文献检索途径的一项服务工作。

(A) 当面 (B) 详细 (C) 个别 (D) 具体

333. BF008 从选题到调研以至文献服务,都应该体现很强的 (   )。

(A) 特殊性 (B) 针对性 (C) 合理性 (D) 独特性

334. BF008 主动性、针对性和有效性是 (   ) 服务的特点。

(A) 外借 (B) 阅览 (C) 参考咨询 (D) 定题

335. BF008 课题选择、跟踪调研和对口服务三个环节的有机结合是 (   ) 服务的基本要求。

(A) 定题 (B) 外借 (C) 阅览 (D) 参考咨询

336. BF009 充分服务的原则就是最大 (   ) 地满足读者对图书馆的一切合理要求。

(A) 程度 (B) 限度 (C) 范围 (D) 力度

337. BF009 区别服务的原则就是有 (   ) 性地满足各个层次读者的不同需要。

(A) 针对 (B) 区别 (C) 特指 (D) 固定

338. BF009 科学服务的原则是 (   ) 的基本要求。

(A) 服务工作 (B) 科技普及 (C) 科学管理 (D) 图书借阅

二、判断题(对的画"√",错的画"×")

(   ) 1. AA001 图书馆是知识的宝库,图书馆的存在意味着可以自由地、不受约束地获取无限的知识和力量。

(   ) 2. AA001 图书馆具有社会性、科学性、教育性、非服务性。

(   ) 3. AA001 图书馆是保存众多文献形式的一个固定场所。

(   ) 4. AA002 图书与文字是同步产生的。

(   ) 5. AA002 甲骨文、青铜铭文的出现,产生了图书。

(   ) 6. AA002 所谓图书,是将文字刻写在具有同一规格的专用材料上,以供人阅读为目的。

(   ) 7. AA003 理论图书馆学就是图书馆学。

(   ) 8. AA003 情报学、目录学、教育学等是图书馆学的相关学科。

(   ) 9. AA003 图书馆学是一门研究信息资源体系及其过程的社会科学。

(   ) 10. AA004 有了图书,没有了保存的需要。

(   ) 11. AA004 据《史论·老子列传》记载,老子曾为周室的柱下史,即是在宫廷内掌管文书的史。

( ) 12. AA005 现代图书馆的知识载体仍以机器印刷本为主体。

( ) 13. AA005 17 世纪至 20 世纪的工业革命促进了图书馆的发展,英国在这一时期公共图书馆的发展居世界领先地位。

( ) 14. AA006 鸿都门是东汉时期建立的藏书结构。

( ) 15. AA006 商代史官收藏王朝史料即是我国最初的图书馆。

( ) 16. AA007 未来图书馆由封闭型向开放型转变,主要是为了扩大借阅量。

( ) 17. AA007 未来图书馆之间的联系将实现网络化。

( ) 18. AA008 简单服务即图书馆向读者提供原始书刊的借阅服务。

( ) 19. AA008 图书馆是人创造的藏书场所,是人类社会活动的产物。

( ) 20. AA008 图书馆区别于其他社会性事业的根本标志,就是它的人类文献的系统收藏性和人类知识的个别检索性。

( ) 21. AA009 整理是文献进馆之后应做的工作,包括分类、标引、著录和剔除等内容。

( ) 22. AA009 图书馆工作人员单独完成的收集、典藏、整理、服务工作称为二线工作。

( ) 23. AA009 典藏包括库房划分、文献排架和文献保护三个内容。

( ) 24. AA010 采购部主要负责文献资料的采集、验收、登录。

( ) 25. AA010 特藏部门负责珍本、善本图书和其他情报信息的管理和流通。

( ) 26. AB001 联合国教科文组织认为图书是指非期刊性的,不少于 49 页的,印刷型的出版物,这是广义的。

( ) 27. AB001 《辞海》中指出图书文献是"书籍、期刊、图片、画册等出版物的总称"。

( ) 28. AB001 文献是记录一切人类知识信息的载体。

( ) 29. AB002 文献是记录历史发展及其人类活动的工具。

( ) 30. AB002 人们获得知识的途径之一是间接吸收知识。间接吸收知识主要是指阅读文献。

( ) 31. AB002 文献的基本功能包括认识、存储和传递等。

( ) 32. AB003 微缩技术的检索速度、传输速度、存储密度不如计算机、光盘。

( ) 33. AB003 拍摄在微缩胶卷上的影像,可以直接阅读。

( ) 34. AB003 微缩复制品因其物质上的特点,保存方法与一般图书资料不同。

( ) 35. AB004 电视唱片不是一种文献。

( ) 36. AB004 视听资料脱离了传统的文字记录形式,直接记录声音和图像信息。

( ) 37. AB005 声像资料最适合长期保存。

( ) 38. AB005 科技报告也称研究报告或技术报告,是 20 世纪 40 年代后大量出现的一种文献类型。

( ) 39. AB005 联合国教科文组织规定 49 页以下是小册子,所有国家都遵循这一标准。

( ) 40. AB006 现代文献的主要特征就是数量大,增长速度快。

( ) 41. AB006 现代文献内容交叉重复多指一书再版、旧书再版的情况。

( ) 42. AB006 现代文献研究最有影响的成果是美国文献学家普赖斯(D. Price)得出的文献增长与时间成指数函数增长的规律。

( ) 43. AB007 文献检索其基本就是查找文献。

( ) 44. AB007 文献的检索主要过程是存储和查找两个过程。

(　) 45. AB007　文献检索是以文摘、题录和全文等文献为检索的对象。
(　) 46. AB008　只有了解当代出版物的特点和类型,才能正确地掌握文献的采集方式。
(　) 47. AB008　文献在分类和编目后,再进行文献的采集工作。
(　) 48. AB008　复制属于文献采集的非购入方式。
(　) 49. AB009　在文献检索中,分段法又称“循环法”或“追溯法”。
(　) 50. AB009　倒查法是在时间上由近及远进行回溯性检索文献的一种文法。
(　) 51. AB009　抽查法是查找报刊文献时最常用的一种方法。
(　) 52. AB010　图书馆外借方式中不包括预约借书和馆际互借的形式。
(　) 53. AB010　期刊的流通一般以大量的开架阅览为主。
(　) 54. AB010　非书资料的流通也可以实行外借服务。
(　) 55. AC001　“鸢”字在《现代汉语词典》中只能查“鸟”旁。
(　) 56. AC001　“乙、了、也、飞、刁”,在部首上都属于“乙”旁。
(　) 57. AC002　“剪子”的注音应写成“jiǎn zǐ”。
(　) 58. AC002　“名额”一词的注音应是“mǐng é”。
(　) 59. AD001　目前,普通使用的计算机是微型计算机,又称个人计算机,简称微机、PC 机。
(　) 60. AD001　计算机是一种可运算的机器。
(　) 61. AD002　计算机的内部操作运算,需要经用户控制。
(　) 62. AD002　计算机可以用逻辑运算进行判断与推理,并根据判断结果决定以后执行什么命令。
(　) 63. AD002　电子计算机是一种能够自动、高速、精确处理信息的现代化电子设备。
(　) 64. AD003　计算机电子器件的发展过程中,第二代是电子管时代。
(　) 65. AD003　计算机第二代电子器件是集成电路时代,速度单位是 10^{-6}s。
(　) 66. AD003　在集成电路时代,操作系统已经产生。
(　) 67. BA001　分类按图书的本质属性——学科内容为分类标准的,称为主要标准。
(　) 68. BA001　分类按图书的其他属性,如体例、地区、时代、人物等为分类标准的,称为特殊标准。
(　) 69. BA002　类目表中的简表是由基本大类进一步扩展而成的基本类目一览表,也称基本类目表。
(　) 70. BA002　说明和注释是用于固定类目的排序次序和类分图书、图书排架、目录组织的依据。
(　) 71. BA002　类目索引通常以字母顺序的形式附在分类表的后面,也有单独成册。
(　) 72. BA003　八分法可容纳 8 个同位类子目。
(　) 73. BA003　在八分法中,“91 ~ 98”、“991 ~ 998”是“9”、“99”的同位类。
(　) 74. BA004　《中图法》分类表大类序列中字母“G”代表的是语言文字。
(　) 75. BA004　《中图法》分类表大类序列中,字母“D”代表的是经济。
(　) 76. BA004　《中图法》分类表大类序列中字母“J”代表的是艺术。
(　) 77. BA005　《科图法》图书分类表中序号“61”代表的是技术科学。
(　) 78. BA005　《科图法》类目号码中基本大类扩充的类目采用小数制。
(　) 79. BA006　《人大法》分类表在四大部类基础上扩展为 18 大类。
(　) 80. BA006　《人大法》的号码采用纯阿拉伯数字,类号采用严格的层累制编号法。

(　) 81. BA007　百科全书、类书、词典这三种性质的工具书按内容可以分为普及性和专科性两种类型。
(　) 82. BA007　索引类图书分类时，分为专有索引、群书索引、期刊索引等。
(　) 83. BA008　丛书有自己的名称，有总的目录或有一定编辑计划和出版计划的，可进行集中分类。
(　) 84. BA008　个别分散著录的丛书，按其丛书中的每册单独著作的内容归类，加丛书细分号码。
(　) 85. BA009　多卷书的名称只有一个总书名，没有分卷书名。
(　) 86. BA009　多卷书在图书分类上应作集中分类处理，不宜拆散按分卷内容归类。
(　) 87. BA010　《毛泽东选集》分类在 B 类。
(　) 88. BA010　《毛泽东传记三种》分类在 A 类。
(　) 89. BA011　《辩证唯物主义十讲》分类在 D 类。
(　) 90. BA011　《神经心理学原理》分类在 B 类。
(　) 91. BA012　《管理学》分类在 C93 类。
(　) 92. BA012　《社交技巧厚黑学》分类在 H 类。
(　) 93. BA013　《党风漫谈》分类在 D25 类。
(　) 94. BA013　《法律解释问题》分类在 C936 类。
(　) 95. BA014　《军队条令条例》分类在 B66 类。
(　) 96. BA014　《导弹之最》分类在 E927 类。
(　) 97. BA015　《中国经济形势与展望》——1998 ~ 1999 分类在 D927.292 类。
(　) 98. BA015　《高超的客户服务》分类在 F719 类。
(　) 99. BA016　《怎样当新闻记者》分类在 I 类。
(　) 100. BA016　《初中化学课程辅导》分类在 G633.8 类。
(　) 101. BA017　《大学英语阅读精选》分类在 H319.4 类。
(　) 102. BA017　《汉字王国》分类在 J 类。
(　) 103. BA017　《新概念英语》分类在 B 类。
(　) 104. BA018　《走进鲁迅世界》分类在 I210 类。
(　) 105. BA018　《教父》(美)马里奥·普佐著分类在 I247 类。
(　) 106. BA019　《摄影作品的鉴赏》分类在 D30 类。
(　) 107. BA019　《电影—银幕世界的魅力》分类在 J901 类。
(　) 108. BA020　《战国策注释》分类在 D 类。
(　) 109. BA020　《民俗学手册》分类在 K890 类。
(　) 110. BB001　责任者目录是按揭示文献的特征划分的种类。
(　) 111. BB001　把读者目录称为公共目录是错误的。
(　) 112. BB001　革命文献目录不属于特藏目录。
(　) 113. BB002　基本著录法在传统著录法中是指通用款目的编制方法。
(　) 114. BB002　对剪报资料、散页、图片、小册子、活页、文选进行著录应用综合著录法。
(　) 115. BB002　对多级出版物进行总著录的方法叫综合著录法。
(　) 116. BB003　析出文献的出处的著录项目标识符是“/”。
(　) 117. BB003　著录项目标识符的确定是人为的，但它具有能使用户无需懂得文献著录的文字便可容易地区分文献著录中的项目的作用。

( ) 118. BB004 《中文普通图书统一著录条例》规定的卡片式著录格式属五段空格法。

( ) 119. BB004 我国国家标准《文献著录总则》(GB 3972 · 1—1983)所规定的著录格式为三段标识符号法。

( ) 120. BB005 在著录时,文献本身的文字出现错误,需改正后录入。

( ) 121. BB005 著录用文字必须规范化。

( ) 122. BB005 1964 年 5 月编印的《简化字总表》共列出 2238 个简化字,共简化 2264 个繁体字。

( ) 123. BB006 著录项目不等于著录事项。

( ) 124. BB006 版本项包括版次与其他版本形式和本版有关的责任者两个小项目。

( ) 125. BB007 文献著录总则能够直接用于著录某一类型文献。

( ) 126. BB007 文献著录条例分为文献著录总则、文献著录分则、文献著录细则。

( ) 127. BB007 《国际标准书目著录(非书资料)》(ISBD)、(NBM)等都属于著录总则。

( ) 128. BB008 《石头记》、《金玉缘》与《红楼梦》属于交替书名。

( ) 129. BB008 单纯书名著录与正书名著录方法有区别,不尽相同。

( ) 130. BB008 书名是直接表达或象征、隐喻图书内容及其特征,并使其个别化的名称。

( ) 131. BB009 图书每次印刷都标有印刷时间,但不论印刷几次,都仍以原排版时间为出版期。

( ) 132. BB009 非公元纪年与公元纪年的换算公式,民国的应是“民国年 + 12 + 1900 = 公元年”。

( ) 133. BB010 版次通常是指图书制版的次数。

( ) 134. BB010 铅印本图书不应属于版刻类图书。

( ) 135. BB011 登录号也称财产登记号。

( ) 136. BB011 图书馆各种款目都应记载登录号。

( ) 137. BB012 著录根据是指著录项目的来源。

( ) 138. BB012 文献著录项目的来源是著录根据。

( ) 139. BB012 著录根据原则上应以全书为著录来源。

( ) 140. BB013 只有小型图书馆在做新书报道或编写卡片时才采用基本级次。

( ) 141. BB013 简要级次又称第一著录级次。

( ) 142. BB013 国家书目及全国集中编目必须采用详细级次。

( ) 143. BB014 载体形态项是关于图书物质形态特征的记载,传统著录法叫稽核项。

( ) 144. BB014 图书的尺寸以封面高宽为准,按毫米计算。

( ) 145. BB015 丛书是在一个总书名下,汇集多种单独图书成为一套,并以编号或不编号的方式出版的图书。

( ) 146. BB015 丛书的国际连续出版物编号(ISSN),在中文图书中已使用,此项可著录。

( ) 147. BB016 丛书分散著录时,每一种书不一定有自己的索书号。

( ) 148. BB016 整套图书著录项目与通用款目相同,组成部分可采用简易著录。

( ) 149. BB016 图书著录中的“卷”、“册”、“集”、“辑”等,是用来计算图书数量及内容的一种数量单位。

( ) 150. BB017 《百衲本资治通鉴》与《资治通鉴》的版本不同。

( ) 151. BB017 正文以外文另加注释的书称为“修补本”。

( ) 152. BC001 期刊不等于报刊。

( ) 153. BC001 期刊即连续出版物。

( ) 154. BC002 期刊中占篇幅最多的是正文。

( ) 155. BC002 “出版机构”一定刊载在期刊封面上。

( ) 156. BC003 有卷号、期号或年份、月份也是期刊的特点之一。

( ) 157. BC003 期刊在固定的时期内有固定的刊名和出版形式。

( ) 158. BC004 科技性期刊,科普性期刊,检索性期刊,资料性期刊等都属于期刊的分类。

( ) 159. BC004 “缩微型”属于期刊中印刷型载体。

( ) 160. BC005 期刊传递的内容新,知识新,尤其在科学技术方面更为突出。

( ) 161. BC005 政治性期刊登载药物广告只是为了推广新技术。

( ) 162. BC006 期刊搜集:包括订购、赠送、交换、呈缴、复制、补缺等。

( ) 163. BC006 期刊使用包括阅览、外借、宣传、咨询四个内容。

( ) 164. BC007 期刊的分别管理形式,即中文期刊和外文期刊分类管理。

( ) 165. BC007 期刊管理中,按工序分工管理的形式,即“采编”一个组,“借阅”一个组。

( ) 166. BC008 期刊赠送,国内多指为新建单位免费赠送期刊,国际之间多为友好国家为增进友谊而赠送期刊。

( ) 167. BC008 期刊交换除国内馆际间交换外,还要同所有世界各国之间交换。

( ) 168. BC009 未经登记盖章的刊物也可少量借出。

( ) 169. BC009 期刊登记又称记到。

( ) 170. BC009 改名刊物如内容无较大变化,其类号也应改变。

( ) 171. BC010 期刊目录按不同文种分,有中文期刊目录,西文期刊目录,俄文期刊目录,日文期刊目录。

( ) 172. BC010 期刊的馆藏目录不是财产目录。

( ) 173. BD001 书刊采购、藏书补充、藏书建设反映了图书馆藏书建设内容的不断丰富、充实和完善的三个阶段。

( ) 174. BD001 书刊采购、藏书补充与藏书建设三者是一回事。

( ) 175. BD002 图书馆的第一个环节就是采购和征集图书工作。

( ) 176. BD002 藏书建设是整个图书馆工作开头的极为重要的一环。

( ) 177. BD003 图书馆藏书建设的规划离不开图书馆的性质、方针任务和读者对象。

( ) 178. BD003 入藏的文献资料如已破损,必须经常进行剔除。

( ) 179. BD004 同一种图书在图书馆藏书中多于一册时第一册称为“正本”,其余的各册均称“复本”。

( ) 180. BD004 图书馆藏书没有重点,就有图书馆的本色。

( ) 181. BD004 图书馆藏书建设基本上是采取“保证重点,照顾一般”的做法,这是正确处理重点和一般的最佳做法。

( ) 182. BD005 藏书剔除可称之为藏书剔旧,但称其为藏书精选不正确。

( ) 183. BD005 随着文献数量的激增和知识更新的加速,藏书剔旧日益引起图书馆管理者的高度重视。

( ) 184. BD006 凡是损坏、破烂或缺页的书刊资料都应剔除。

( ) 185. BD006 古籍善本书不在藏书剔除考虑之内。

( ) 186. BD007 带有严重政治性错误的图书除少部分外,多数应当剔除。

( ) 187. BD007 判断图书内容是否已陈旧过时,有的可从时间上来划分,有的可从内容上来划分。

( ) 188. BD008 登录号编制可指图书类型编号。

( ) 189. BD008 用什么符号做登录号,在新建图书馆时就应该慎重考虑。

( ) 190. BD009 总括登录时,注销统计用蓝墨水。

( ) 191. BD009 总括登录时,入藏统计用蓝墨水。

( ) 192. BD010 形式排架法包括专题排架法、登录号排架法。

( ) 193. BD010 分类排架法是指用知识门类的体系来排列图书的。

( ) 194. BE001 书目工作亦称书目参考或书目情报服务。

( ) 195. BE001 目录中的“目”是指关于书的内容、作者生平事迹、校勘经过、书的评价等的简要说明。

( ) 196. BE001 文学作品中对作品进行的内容简介就是目录中的“录”。

( ) 197. BE002 目录工作是为了解决不断增长的巨大文献量与人们对它的特定需要之间的矛盾而产生发展起来的。

( ) 198. BE002 查寻、著录、部次、评价与目录工作无关。

( ) 199. BE003 书目的教育作用不表现在读书治学,普及科学文化知识方面。

( ) 200. BE003 我国目录学特别强调“辨章学术,考镜源流”。

( ) 201. BE004 认识和熟悉文献是文献揭示的过程。

( ) 202. BE004 书目文献是了解图书和熟悉图书的学科内容的主要工具。

( ) 203. BE004 文献揭示就是运用各种方法将文献的外部信息和内容信息揭示出来,使读者及时地获取有关信息。

( ) 204. BE005 文献作为知识源泉,是形式和内容的统一。

( ) 205. BE005 揭示文献内容特征不能够为读者提供选择文献的依据。

( ) 206. BE006 文摘称为三次文献。

( ) 207. BE006 书目注释是文献揭示最灵活的方法之一。

( ) 208. BE006 综述是文献的深化。

( ) 209. BE007 文献的主题编排法是将文献中论述事物对象的主题用规范化的名词术语标引出来,然后按主题字顺编排文献的方法。

( ) 210. BE007 字顺编排法在一般情况下,多用于重要的编排。

( ) 211. BE007 编年编排法是按照文献内容反映的年代为标识来组织文献的方法。

( ) 212. BE008 及时提供期刊发表的最新论文的检索线索是回溯性馆藏文献目录的作用。

( ) 213. BE008 文献报道的形式是多种多样的,如,口头报道、文献陈列、书目报道等。

( ) 214. BE009 《呐喊》是一次文献。

( ) 215. BE009 《全国新书目》是一次文献。

( ) 216. BE009 《科学引文索引》不是一次文献。

( ) 217. BF001 研究型阅读需要是指读者承担具体研究任务的阅读需要。

( ) 218. BF001 社会型阅读需要是指在各个历史时期出现的许多读者群所具有的社会阅读倾向。

( ) 219. BF001 “振兴中华读书活动”是属于业余型阅读需要。

( ) 220. BF002 省级公共图书馆的读者对象具有广泛的社会性和群众性。

( ) 221. BF002 省级公共图书馆的读者大体可以分大众读者、科研读者、专业读者三部分。

( ) 222. BF003 科研单位图书馆读者所需文献以中文和外文期刊为主。

( ) 223. BF003 科研单位图书馆读者所需文献中,外文期刊利用率之和超过图书与专著。

( ) 224. BF003 高级职称人员在科研单位图书馆利用主题索引者居多数。

( ) 225. BF004 高等学校图书馆的读者阅读需要主要反映在学校教学和科研活动对文献需求的过程中。

( ) 226. BF004 高等学校图书馆中,老年教师读者经常亲自到图书馆查找新资料和信息。

( ) 227. BF004 全面系统、广泛高深是高等学校图书馆教师读者阅读需要的特点。

( ) 228. BF005 分科阅览室是为特定读者对象的不同需求层次而设立的专门阅览室,是阅读服务的主体部分。

( ) 229. BF005 普通阅览室一般规模较大、座位较多、利用率较高、开放时间较长、接待读者对象广泛集中,所以使用手续中限制条件必须多而详。

( ) 230. BF005 闭架式阅览的优点也是开架式阅览的优点。

( ) 231. BF006 个人普通外借不提供建国后出版的中文新书。

( ) 232. BF006 外借服务包括个人外借、馆际互借、预约借书、邮寄借书这四项内容。

( ) 233. BF006 借书证只能起到作为借书的证件作用。

( ) 234. BF007 事实性、知识性咨询在国外称它为“即席咨询”。

( ) 235. BF007 经过一系列文献调查、查找、鉴别之后,获得读者所需要的适用文献或文献线索,这就是“查找文献”。

( ) 236. BF008 定题服务也称“对口服务”。

( ) 237. BF008 定题服务这种服务方法不能称为“跟踪服务”。

( ) 238. BF009 “读者第一、服务至上”是读者工作的核心。

( ) 239. BF009 图书馆的读者工作与读者需求发生矛盾时,应服从工作需求。

( ) 240. BF009 读者工作应遵循充分发挥馆藏文献作用的原则。

理论知识试题答案

一、选择题

1.D 2.C 3.A 4.D 5.A 6.D 7.B 8.B 9.C 10.D 11.C
12.B 13.C 14.C 15.D 16.D 17.B 18.C 19.D 20.C 21.A 22.B
23.C 24.D 25.D 26.B 27.B 28.A 29.A 30.C 31.D 32.B 33.D
34.C 35.B 36.B 37.C 38.D 39.B 40.B 41.A 42.B 43.B 44.A
45.C 46.B 47.D 48.D 49.A 50.C 51.C 52.A 53.C 54.B 55.A
56.D 57.C 58.A 59.B 60.A 61.C 62.A 63.C 64.B 65.A 66.D
67.B 68.C 69.A 70.C 71.D 72.A 73.A 74.A 75.B 76.C 77.C
78.A 79.A 80.B 81.C 82.B 83.C 84.C 85.B 86.C 87.D 88.D
89.B 90.B 91.A 92.C 93.D 94.C 95.B 96.C 97.B 98.D 99.B
100.B 101.A 102.A 103.B 104.A 105.B 106.C 107.C 108.B 109.B 110.C
111.D 112.B 113.D 114.D 115.B 116.C 117.D 118.C 119.A 120.B 121.D
122.A 123.A 124.B 125.C 126.B 127.C 128.D 129.A 130.B 131.C 132.A
133.B 134.D 135.C 136.B 137.C 138.D 139.A 140.B 141.A 142.C 143.B
144.D 145.A 146.C 147.C 148.D 149.B 150.A 151.A 152.C 153.D 154.B
155.A 156.A 157.A 158.D 159.D 160.D 161.C 162.B 163.C 164.C 165.B
166.B 167.B 168.B 169.B 170.B 171.C 172.B 173.C 174.A 175.B 176.B
177.A 178.A 179.C 180.D 181.D 182.A 183.A 184.C 185.D 186.B 187.A
188.A 189.D 190.C 191.D 192.D 193.C 194.D 195.C 196.A 197.C 198.D
199.B 200.A 201.D 202.A 203.D 204.D 205.A 206.B 207.C 208.B 209.D
210.A 211.D 212.C 213.C 214.B 215.D 216.C 217.D 218.D 219.D 220.B
221.C 222.B 223.A 224.A 225.B 226.D 227.A 228.B 229.B 230.B 231.C
232.C 233.C 234.C 235.C 236.D 237.D 238.D 239.B 240.C 241.B 242.C
243.C 244.A 245.A 246.B 247.D 248.B 249.C 250.C 251.A 252.B 253.D
254.B 255.C 256.B 257.C 258.A 259.B 260.B 261.B 262.D 263.C 264.D
265.B 266.B 267.C 268.C 269.B 270.C 271.A 272.B 273.B 274.C 275.B
276.B 277.A 278.B 279.C 280.B 281.C 282.C 283.C 284.D 285.C 286.A
287.A 288.C 289.A 290.D 291.D 292.B 293.A 294.C 295.D 296.B 297.C
298.D 299.B 300.B 301.C 302.A 303.D 304.B 305.C 306.A 307.A 308.A
309.B 310.C 311.D 312.D 313.B 314.B 315.D 316.C 317.B 318.C 319.C
320.D 321.C 322.D 323.B 324.C 325.C 326.C 327.D 328.B 329.D 330.A
331.B 332.C 333.B 334.D 335.A 336.B 337.A 338.A

二、判断题

1.√ 2.× 图书馆具有社会性、科学性、教育性、服务性。 3.√ 4.× 图书与文字不是同步产生的。 5.× 把刻有文字的竹简、木牍编连成册，产生了图书。 6.√ 7.× 理论图书馆学是图书馆学的一个分支。 8. √ 9. √ 10. × 有了图书,就有了保存图书的需要。 11. √ 12. √ 13. × 17 世纪至 20 世纪的工业革命促进了图书馆的发展,美国在这一时期公共图书馆的发展居世界领先地位。 14. √ 15. × 周代史官收藏王朝史料即是我国最初的图书馆。 16. × 未来图书馆由封闭型向开放型转变,主要是以流通为目的,重视文献利用率。 17. √ 18. √ 19. × 图书馆是人创造的社会机构,是人类社会活动的产物。 20. √ 21. × 整理是文献进馆之后应做的工作,包括分类、标引、著录和目录组织等内容。 22. × 图书馆工作人员单独完成的收集典藏工作为二线工作。 23. √ 24. √ 25. × 特藏部门负责珍本、善本图书和其他特藏资料的管理和流通。 26. × 联合国教科文组织认为图书是指非期刊性的,不少于 49 页的,印刷型的出版物,应是狭义的。 27. √ 28. √ 29. × 文献是记录人类思想及其活动的工具。 30. √ 31. √ 32. √ 33. × 拍摄在微缩胶卷上的影像,必须通过阅读器阅读。 34. √ 35. × 电视唱片也是一种文献。 36. √ 37. × 声像资料不利于长期保存。 38. √ 39. × 联合国教科文组织规定 49 页以下是小册子,不少国家根据各自的情况都有自己的规定。 40. √ 41. × 现代文献内容交叉重复多指一书多版、旧书改版的情况。 42. √ 43. √ 44. × 文献的检索主要过程就是查找。 45. √ 46. √ 47. × 文献采集完成后,进行文献的分类与编目。 48. × 复制属于文献采集的购入方式。 49. × 在文献检索中,分段法又称"循环法"或"混合法"。 50. √ 51. × 直查法是查找报刊文献时最常用的一种方法。 52. × 图书馆外借方式中包括预约借书和馆际互借的形式。 53. √ 54. × 非书资料的流通只提供馆内阅览和复制服务。 55. × "鸢"字在《现代汉语词典》中,即可查"鸟",也可查"弋"旁。 56. √ 57. √ 58. × "名额"一词的注音应是"míngé"。 59. √ 60. × 计算机是一种可编程的机器。 61. × 计算机的内部操作运算,可以自动控制。 62. √ 63. √ 64. × 计算机电子器件的发展过程中,第二代是晶体管时代。 65. × 计算机第三代电子器件是集成电路时代,速度单位是 10^{-6} 秒。 66. √ 67. √ 68. × 分类按图书的本质属性—学科内容为分类标准的,称为辅助标准。 69. √ 70. × 标记符号是用于固定类目的排序次序和类分图书等的依据。 71. × 类目索引通常以检索表的形式附在分类表的后面。 72. × 八分法可容纳十六个同位类子目。 73. √ 74. × 《中图法》分类表大类序列中字母"G"代表的不是语言文字。 75. × 《中图法》分类表大类序列中,D 代表的是政治、法律。 76. √ 77. × 《科图法》图书分类表中序号"61"代表的不是技术科学。 78. √ 79. × 《人大法》分类表在四大部类基础上扩展为 17 大类。 80. √ 81. × 百科全书、类书、词典这三种性质的工具书按内容可分为综合性和专科性两种类型。 82. √ 83. √ 84. × 个别分散著录的丛书,按其丛书中的每册单独著作的内容归类,并不加丛书细分号码。 85. × 多卷书的名称只有一个总书名,有的有一个分卷书名。 86. √ 87. × 《毛泽东选集》分类在 A 类。 88. √ 89. × 《辩证唯物主义十讲》分类在 B 类。 90. √ 91. √ 92. × 《社交技巧厚黑学》分类在 C 类。 93. √ 94. × 《法律解释问题》分类在 D90。 95. × 《军队条令条例》分类在 E266。 96. √ 97. × 《中国经济形势与展望》——1998 ~ 1999 分类在 F123.2。 98. √ 99. × 《怎样当新闻记者》分类在 G214。 100. √ 101. √ 102. × 《汉字王国》分类在 H12。 103. × 《新概念英语》分类在 H 类。 104. √ 105. × 《教父》(美)马里奥·普佐著分类在 I712.4。 106. × 《摄影作品的鉴赏》分类在 J405。 107. √ 108. × 《战国策注释》分类在 K231。 109. √ 110. √ 111. × 读者目录又称公共目录。 112. × 革命文献目录属于特藏目录。 113. × 基本著录法在传统著录法中是指基本款目的著录法。 114. × 对剪报资料、散页、图片、小册子、活页、文选进行著录应用分组著录法。 115. √ 116. × 析出文献的出处的著录项目标识符是“//”。 117. √ 118. √ 119. × 我国国家标准《文献著录总则》(GB 3972 · 1—1983)所规定的著录格式为两段标识符号法。 120. × 在著录时,文献本身的文字出现错误,仍需照录,并把校正的字放在其后,用“[ ]”表示。 121. √ 122. √ 123. × 著录项目也称著录事项。 124. √ 125. × 文献著录总则不能直接用于著录某一类型文献。 126. √ 127. × 《国际标准书目著录(非书资料)》(ISBD)、(NBM)属于文献著录分则。 128. × 《石头记》、《金玉缘》属于《红楼梦》的别名。 129. × 单纯书名著录与正书名著录方法相同。 130. √ 131. √ 132. × 非公元纪年与公元纪年的换算公式,民国年应是“民国年 + 1900 + 11 = 公元年”。 133. √ 134. × 铅印本图书属于版刻类图书。 135. √ 136. × 图书馆各种款目都记载索书号。 137. √ 138. × 文献著录项目的来源是文献本身。 139. √ 140. × 小型图书馆在作新书报道或编写手工卡片时,采用简要级次。 141. √ 142. √ 143. √ 144. × 图书的尺寸以封面高宽为准,按厘米计算。 145. √ 146. × 丛书的国际连续出版物编号 ISSN 在目前中文图书中尚无记载,此项省略不予著录。 147. × 丛书分散著录时,每一种书都有自己的索书号。 148. √ 149. × 图书著录中的“卷”、“册”、“集”、“辑”等,是用来计算图书数量及内容的出版单位。 150. √ 151. × 正文以外文另加注释的书称为“注本”。 152. √ 153. × 期刊不等于连续出版物。 154. √ 155. × “出版机构”不一定刊载在期刊封面上。 156. √ 157. × 期刊在一定的时期内有固定的刊名和出版形式。 158. √ 159. × “缩微型”不属于期刊中印刷型载体。 160. √ 161. × 政治性期刊登载药物广告还有创收目的。 162. √ 163. × 期刊使用包括阅览、外借、宣传、咨询、复制五个内容。 164. × 期刊的分别管理形式,即现刊与过刊分开管理形式。 165. √ 166. √ 167. × 期刊交换除国内馆际间交换外,还要同友好的国家之间进行交换。 168. × 未经盖章的任何刊物不得借出。 169. √ 170. × 改名刊物如内容无较大变化,仍用同一分类号。 171. √ 172. × 期刊的馆藏目录又称财产目录。 173. √ 174. × 书刊采购、藏书补充与藏书建设三者不是一回事。 175. × 图书馆的第一个环节就是藏书建设工作。 176. √ 177. √ 178. × 入藏的文献资料如已陈旧过时,必须经常进行剔除。 179. √ 180. × 图书馆藏书没有重点,就没有图书馆的特色。 181. √ 182. × 藏书剔除可称之为藏书剔旧、淘汰、复选和精选。 183. √ 184. × 凡是损坏、破烂或缺页的书刊资料,其中有价值、能利用的也不一定剔除。185. √ 186. × 带有严重政治性错误的图书应全部剔除。 187. √ 188. × 登录号编制有不同的编制方法。 189. √ 190. × 总括登录时,注销统计用红墨水。 191. √ 192. × 形式排架法不包括专题排架法。 193. √ 194. √ 195. × 目录中的“目”是指篇卷的名称。 196. √ 197. √ 198. × 查寻、著录、部次、评价是目录工作的一部分。 199. × 书目的教育作用主要表现在读书治学,普及科学文化知识方面,还可以进行政治思想教育。 200. √ 201. × 认识和熟悉文献是文献揭示的前提。 202. √ 203. √ 204. √ 205. × 揭示文献内容特征,能够为读者提供选择和摒弃的依据。 206. × 文摘称为二次文献。 207. √ 208. √ 209. √ 210. × 字顺编排法在一般情况下,多用于辅助性的编排。 211. × 编年编排法是按照文献出版的时间为标识来组织文献的方法。 212. × 及时提供期刊发表的最新论文的检索线索是期刊论文索引报道的作用。 213. √ 214. √ 215. ×《全国新书目》是二次文献。 216. √ 217. √ 218. × 社会型阅读需要是指在各个历史时期出现的许多读者群所具有的社会共同性阅读倾向。 219. ×

“振兴中华读书活动”是属于社会型阅读需要。 220. √ 221. × 省级公共图书馆的读者大体可分为大众读者、科研读者两部分。 222. × 科研单位图书馆读者所需文献以图书和专著为主。 223. √ 224. √ 225. √ 226. × 高等学校图书馆中,老年教师读者很少到图书馆,主要由助手和馆员协助查找资料和信息。 227. √ 228. √ 229. × 普通阅览室一般规模较大、座位较多、利用率较高、开放时间较长、接待读者对象广泛集中,所以限制条件较少,或基本无限制。 230. × 闭架式阅览的优点正是开架式阅览的局限性。 231. × 个人普通外借一般只提供建国后出版的中文新书。 232. √ 233. × 借书证不只起到作为借书的证件作用,也意味着承担了爱护图书馆、支持图书馆的义务。 234. √ 235. × 经过一系列文献调查、查找、鉴别之后,获得读者所需要的适用文献或文献线索,这就是“答复咨询”。 236. √ 237. × 定题服务这种服务方法也称“跟踪服务”。 238. √ 239. × 图书馆的读者工作与读者需求发生矛盾时,应服从读者需求。 240. √

第二部分　初级工技能操作试题

考核内容层次结构表

级别	基本技能		专业技能					合计
	使用基本工具书	操作计算机	登记图书	图书分类	图书著录	目录组织	图书排架	
初级	30 分 10min 选一项		25 分 10min	25 分 20min	20 分 10min			100 分 50min
中级	25 分 10min 选一项		20 分 10min	35 分 20min	20 分 20min			100 分 60min
高级	20 分 10 ~ 20min 选一项			30 分 20min	20 分 10min	30 分 20min 选一项		100 分 60 ~ 70min

鉴定要素细目表

行业:石油天然气　　　　工种:图书管理员　　　　等级:初级工　　　　鉴定方式:技能操作

行为领域	鉴定范围								鉴定点		
	一级			二级			三级				
	代码	名称	鉴定比重	代码	名称	鉴定比重	代码	名称	代码	名称	重要程度
操作技能100%	A	基本技能	25%	A	使用基本工具书	30%	A	音序查字法	001	用《新华字典》使用音序查字法查出给定字的解释	Y
									002	回答音序查字法的操作要领	Z
				B	操作计算机		A	Windows操作	001	把多个文件复制到软盘	Y
									002	把软盘中的文件复制指定文件夹中	Y
									003	启动 Word 程序	Z
	B	专业技能	75%	A	图书登记	25%	A	总括登记	001	填写总括登记账	X
							B	个别登记	001	确定图书的版权页	X
				B	图书分类	25%	A	图书分类	001	使用《中图法》分类马克斯、恩格斯、列宁、斯大林、毛泽东、邓小平著作	X
									002	使用《中图法》分类经济类图书	Y
									003	使用《中图法》分类文化、教育、体育类图书	X
									004	使用《中图法》分类语言文字类图书	X
				C	图书著录	20%	A	图书著录	001	单纯书名的著录	X
									002	单一责任者的著录	Y
									003	版本项的著录	Y

注:X—核心要素;Y——般要素;Z—辅助要素。

技能操作试题

一、音序查字法(AAA)

(一)测量模块

1. 考核要求

(1)必备的文具准备齐全;

(2)熟练掌握工具书的使用方法;

(3)查找资料迅速准确。

2. 考核时限

(1)准备时间:1min;

(2)操作时间:10min,从正式操作开始计时;

(3)考核时提前完成操作不加分,超时操作按规定标准评分。

3. 配分、评分标准

序号	考核内容	考核要点	配分	评分标准	检测结果	扣分	得分	备注
1	准备工作	钢笔	5	未准备扣5分				
2	操作程序	首先查《新华字典》的汉语拼音音节索引	20	未查音节索引不得分,未按音节顺序查找一处扣10分				
		由索引所指,得到正文页数	15	找不到正文页数不得分,找错一次扣5分				
		翻到音节正文页数,按四个平仄音调顺序查找	20	未按平仄音序查找一次扣10分				
		找到正确的解释	20	找不到正确解释不得分,找错一次扣5分				
		记录下正确的解释,字迹工整,无错别字	20	未形成书面记录不得分,记录不工整扣5分,不准确扣10分,有错别字一处扣2分				
3	环保要求及其他	严格遵守环保要求;在规定时间内完成		工具、资料摆放不整齐、场地不清从总分中扣5分;每超时30s从总分中扣5分;超时1min停止操作				
		合计	100					

(二)考试试题

AAA001 用《新华字典》使用音序查字法查出给定字的解释

(1)准备要求:

序　号	名　称	规　格	数　量	备　注
1	新华字典		1 册	
2	白纸		1 张	
3	新华字典	新版	1 册	
4	钢笔		1 支	

(2)操作程序说明：

① 先确定字的正确读音；

② 按拼音字母的排列顺序查找音节在正文的页数，在字典正文中查字。

(3)考核规定说明：

① 如操作违章，将停止考核；

② 考核采用百分制，考核项目得分按组卷比例进行折算。

(4)考核方式说明：

该项目为实际操作，以操作过程与操作标准进行评分。

(5)考核时限：同测量模块。

(6)配分、评分标准：同测量模块。

AAA002 回答音序查字法的操作要领

(1)准备要求：

序　号	名　称	规　格	数　量	备　注
1	纸		2 张	
2	钢笔		1 支	

(2)操作程序说明：

① 笔答汉语拼音字母的排列顺序；

② 笔答音序法查字的方法。

(3)考核规定说明：

① 如操作违章，将停止考核；

② 考核采用百分制，考核项目得分按组卷比例进行折算。

(4)考核方式说明：本项目为笔答题，以笔答结果按操作标准进行评分。

(5)考核时限：同测量模块。

(6)配分、评分标准：

序号	考核内容	考核要点	配分	评分标准	检测结果	扣分	得分	备注
1	准备工作	钢笔	5	未准备扣 5 分				
2	操作程序	正确给出所查字的拼音	20	拼音错误一处扣 5 分				
		必须准确地先查《新华字典》的拼音音节索引，然后查得正文的页数	20	未先查拼音音节索引不得分，查找错误一次扣 5 分，找正文页数错一次扣 5 分				

续表

序号	考核内容	考核要点	配分	评分标准	检测结果	扣分	得分	备注
2	操作程序	翻到正文的页数:按照音节的平仄顺序查找	20	翻正文页数错一次扣5分,未按音节的平仄顺序查找一次扣5分				
		找到要查的字	15	未准确地找到要查的字一次扣5分				
		准确记录下要查的字的解释,无错别字	20	未记录要查的字不得分,记录错误一次扣5分,不工整扣5分,有错别字一个扣2分				
3	环保要求及其他	严格遵守环保要求; 在规定时间内完成		工具、资料摆放不整齐、场地不清从总分中扣5分;每超时30s从总分中扣5分;超时1min停止操作				
		合　　计	100					

二、Windows 操作(ABA)

(一)测量模块

1. 考核要求

(1)会使用计算机进行文件处理;

(2)遵守环保要求。

2. 考核时限

(1)准备时间:1min;

(2)操作时间:10min,从正式操作开始计时;

(3)考核时提前完成操作不加分,超时操作按规定标准评分。

3. 配分、评分标准

序号	考核内容	考核要点	配分	评分标准	检测结果	扣分	得分	备注
1	准备工作	先开显示器电源、再开主机电源	5	未按照顺序开机不得分,错一次扣2.5分				
2	操作程序	将软盘插入软驱	10	软盘插入错误1次扣5分				
		选取文件	25	选取错误1次扣5分				
		将文件发送到软盘	20	发送错误1次扣5分				
		取出软盘	20	未取出不得分;取出错误一次扣5分				
		退出操作系统	10	未退出操作系统不得分,未按要求退出一次扣5分				
		关显示器电源	10	未关电源不得分;关闭错误一次扣5分				

续表

序号	考核内容	考核要点	配分	评分标准	检测结果	扣分	得分	备注
3	环保要求及其他	严格遵守环保要求； 在规定时间内完成		工具、资料摆放不整齐、场地不清从总分中扣5分；每超时30s从总分中扣5分；超时1min停止操作				
		合　计	100					

(二)考试试题

ABA001 把多个文件复制到软盘

(1)准备要求：

序　号	名　称	规　格	数　量	备　注
1	软盘		若干	
2	计算机		若干台	

(2)操作程序说明：

① 开机；

② 复制文件到软盘；

③ 在软盘上注明考生技能考号及考试日期；

④ 关机。

(3)考核规定说明：

① 如违章操作该项目终止考核；

② 考核采用百分制，考核项目得分按组卷比重进行折算。

(4)考核方式说明：该项目为上机题目，全过程按操作标准结果进行评分。

(5)考核时限：同测量模块。

(6)配分、评分标准：同测量模块。

ABA002 把软盘中的文件复制到指定文件夹中

(1)准备要求：

序　号	名　称	规　格	数　量	备　注
1	软盘		1张	
2	计算机		1台	

(2)操作程序说明：

① 开机；

② 将软盘中的指定文件复制到指定目录；

③ 在软盘上注明技能考号及考试日期；

④ 关机。

(3)考核规定说明：

① 违章操作该项目终止考核；

② 考核采用百分制，考核项目得分按组卷比重进行折算。

(4)考核方式说明：该项目为上机题目，全过程按操作标准结果进行评分。

(5)考核时限：同测量模块。

(6)配分、评分标准：

序号	考核内容	考核要点	配分	评分标准	检测结果	扣分	得分	备注
1	准备工作	先开显示器电源、再开主机电源	5	未按照顺序开机不得分，错一次扣2.5分				
2	操作程序	在c盘根目录下建立考生目录	10	未建立在c盘下扣5分，未建立在根目录下扣5分				
		建立以考生现场号、场次为名称的目录	10	名称错误扣5分，未建立目录不得分				
		将软盘插入软驱	10	软盘插入错误1次扣5分				
		选取文件	15	选取错误1次扣5分，未选取指定文件不得分				
		将软盘中的文件复制到指定目录	20	复制错误1次扣5分，未复制到指定目录不得分				
		取出软盘	10	未取出不得分；取出错误一次扣5分				
		退出操作系统	10	未退出操作系统不得分，未按要求退出一次扣5分				
		关显示器电源	10	未关电源不得分；关闭错误一次扣5分				
3	环保要求及其他	严格遵守环保要求；在规定时间内完成		工具、资料摆放不整齐、场地不清从总分中扣5分；每超时30s从总分中扣5分；超时1min停止操作				
		合　计	100					

ABA003 启动Word程序

(1)准备要求：

序　号	名　称	规　格	数　量	备　注
1	计算机		1台	

(2)操作程序说明：

① 鼠标单击开始菜单；

② 选择“程序”；

③ 选择“Word”；

④ 单击“Word”。

(3)考核规定说明:

① 如操作违章,将停止考核;

② 考核采用百分制,考核项目得分按组卷比例进行折算。

(4)考核方式说明:实际操作以操作过程与操作标准进行评分。

(5)考核时限:同测量模块。

(6)配分、评分标准:

序号	考核内容	考核要点	配分	评分标准	检测结果	扣分	得分	备注
1	准备工作	先开显示器电源、再开主机电源	5	未按照顺序开机不得分,错一次扣2.5分				
2	操作程序	鼠标左单击“开始”按钮	20	操作顺序不对每次扣5分				
		选择“程序”	25	操作顺序不对每次扣5分				
		选择“MicrosoftWord”	20	操作顺序不对每次扣5分				
		单击“Microsoft Word”	30	操作顺序不对一次扣10分				
3	环保要求及其他	严格遵守环保要求; 在规定时间内完成		工具、资料摆放不整齐、场地不清从总分中扣5分;每超时30s从总分中扣5分;超时1min停止操作				
		合 计	100					

三、总括登记(BAA)

(一)测量模块

1. 考核要求

(1)必备的文具、用具准备齐全;

(2)按图书登记操作规程操作;

(3)文具、用具使用正确。

2. 考核时限

(1)准备时间:1min;

(2)操作时间:10min,从正式操作开始计时;

(3)考核时提前完成操作不加分,超时操作按规定标准评分。

3. 配分、评分标准

序号	考核内容	考核要点	配分	评分标准	检测结果	扣分	得分	备注
1	准备工作	钢笔	5	未准备钢笔不得分				
2	操作程序	填写图书收到的“年、月、日”	20	未填写图书收到的“年、月、日”不得分,填错一处扣5分				
		填写总括登记号	10	未填总括登记号不得分,填错一次扣5分				

续表

序号	考核内容	考核要点	配分	评分标准	检测结果	扣分	得分	备注
2	操作程序	填写“种数”和“册数”	20	未填写“种数”和“册数”不得分，填错一处扣10分				
		填写“总金额”	10	未填总金额不得分，填错一次扣5分				
		填写各类图书的册数	20	未填写各类图书的册数不得分，填错一处扣5分				
		填写起止登记号	10	未填写起止登记号不得分，填错一处扣5分				
		字迹工整	5	字迹不工整扣5分				
3	环保要求及其他	严格遵守环保要求； 在规定时间内完成		工具、资料摆放不整齐、场地不清从总分中扣5分；每超时30s从总分中扣5分；超时1min停止操作				
		合　计	100					

(二)考试试题

BAA001 填写总括登记账

(1)准备要求：

序　号	名　称	规　格	数　量	备　注
1	图书		20册	
2	图书总括登记账页		1页	
3	钢笔		1支	

(2)操作程序说明：

填写20册图书的总括登记账，总括登记号设为1。

(3)考核规定说明：

① 如操作违章，将停止考核；

② 考核采用百分制，考核项目得分按组卷比例进行折算。

(4)考核方式说明：该项目为实际操作，以操作过程与操作标准进行评分。

(5)考核时限：同测量模块。

(6)配分、评分标准：同测量模块。

四、个别登记(BAB)

(一)测量模块

1. 考核要求

(1)必备的文具、用具准备齐全；

(2)按图书登记操作规程操作；

(3)文具、用具使用正确。

2. 考核时限

(1)准备时间:1min;

(2)操作时间:10min,从正式操作开始计时;

(3)考核时提前完成操作不加分,超时操作按规定标准评分。

3. 配分、评分标准

序号	考核内容	考核要点	配分	评分标准	检测结果	扣分	得分	备注
1	准备工作	钢笔	5	未带钢笔不得分				
2	操作程序	找到每种图书的版权页	30	找错一种扣6分				
		记录每本书的题名	10	未记录每本书的题名不得分,记录错误一处扣2分				
		记录每本书的责任者	10	未记录每本书的责任者不得分,记录错误一处扣2分				
		记录每本书的出版者	10	未记录每本书的出版者不得分,记录错误一处扣2分				
		记录每本书的开本	10	未记录每本书的版次不得分,记录错误一处扣2分				
		记录每本书的版次	10	未记录每本书的开本不得分,记录错误一处扣2分				
		记录每本书的国际标准书号	10	未记录每本书的国际标准书号不得分,记录错误一处扣2分				
		记录工整	5	记录不工整扣5分				
3	环保要求及其他	严格遵守环保要求;在规定时间内完成		工具、资料摆放不整齐、场地不清从总分中扣5分;每超时30s从总分中扣5分;超时1min停止操作				
合计			100					

(二)考试试题

BAB001 确定图书的版权页

(1)准备要求:

序号	名称	规格	数量	备注
1	图书		5册	不同种类的图书
2	纸			
3	馆藏章		若干	
4	印泥		2个	
5	钢笔		1支	

(2)操作程序说明：

① 找到5册图书的版权页；

② 记录5册图书版权页的检索信息。

(3)考核规定说明：

① 如操作违章，将停止考核；

② 考核采用百分制，考核项目得分按组卷比例进行折算。

(4)考核方式说明：该项目为实际操作，以操作过程与操作标准进行评分。

(5)考核时限：同测量模块。

(6)配分、评分标准：同测量模块。

五、图书分类(BBA)

(一)测量模块

1. 考核要求

(1)必备的文具、用具准备齐全；

(2)按图书分类操作规程操作；

(3)归类恰当，给出的分类号正确。

2. 考核时限

(1)准备时间：1min；

(2)操作时间：20min，从正式操作开始计时；

(3)考核时提前完成操作不加分，超时操作按规定标准评分。

3. 配分、评分标准

序号	考核内容	考核要点	配分	评分标准	检测结果	扣分	得分	备注
1	准备工作	铅笔、橡皮	5	未带铅笔扣2.5分；未带橡皮扣2.5分				
2	操作程序	分析图书的特征，认识书的学科性质、主题范围、作者旨意等	20	未分析图书的特征扣5分；未认识书的学科性质、主题范围、作者旨意各扣5分				
		根据分析出的图书特征，从分类表中找出最能恰当表达这些特征的类目，选其相应类号	50	所找类目不准确一本扣5分；类号选择错误一本扣5分				
		记录下分类号，写在书名页左上角或靠书脊处、	20	未记录分类号不得分，分类号记录位置错误一处扣4分				
		记录工整	5	记录不工整不得分				
3	环保要求及其他	严格遵守环保要求；在规定时间内完成		工具、资料摆放不整齐、场地不清从总分中扣5分；每超时1min从总分中扣5分；超时2min停止操作				
		合　计	100					

(二)考试试题

BBA001 使用《中图法》分类马克斯、恩格斯、列宁、斯大林、毛泽东、邓小平著作

(1)准备要求:

序号	名称	规格	数量	备注
1	图书(马克斯、恩格斯、列宁、斯大林、毛泽东、邓小平著作或评论任选5册)		5册	未加工过的原书
2	《中图法》第四版		1册	
3	铅笔		1支	
4	橡皮		1块	

(2)操作程序说明:

① 分析图书的内容特征;

② 从分类表中找出最恰当的类目,选择相应的类号;

③ 给定分类号,用铅笔写在书名页的左上角。

(3)考核规定说明:

① 如操作违章,将停止考核;

② 考核采用百分制,考核项目得分按组卷比例进行折算。

(4)考核方式说明:该项目为实际操作,以操作过程与操作标准进行评分。

(5)考核时限:同测量模块。

(6)配分、评分标准:同测量模块。

BBA002 使用《中图法》分类经济类图书

(1)准备要求:

序号	名称	规格	数量	备注
1	经济类图书		5册	未加工过的不同种书
2	《中图法》第四版		1册	
3	铅笔		1支	
4	橡皮		1块	

(2)操作程序说明:

① 分析图书的内容特征;

② 从分类表中找出最恰当的类目,选择相应的类号;

③ 给定分类号,用铅笔写在书名页的左上角。

(3)考核规定说明:

① 如操作违章,将停止考核;

② 考核采用百分制,考核项目得分按组卷比例进行折算。

(4)考核方式说明:该项目为实际操作,以操作过程与操作标准进行评分。

(5)考核时限:同测量模块。

(6)配分、评分标准:同测量模块。

BBA003 利用《中图法》分类文化、教育、体育类图书

(1)准备要求:

序号	名称	规格	数量	备注
1	文化、教育、体育类图书		5册	未加工过的不同种书
2	《中图法》第四版		1册	
3	铅笔		1支	
4	橡皮		1块	

(2)操作程序说明:

① 分析图书的内容特征;

② 从分类表中找出最恰当的类目,选择相应的类号;

③ 给定分类号,用铅笔写在书名页的左上角。

(3)考核规定说明:

① 如操作违章,将停止考核;

② 考核采用百分制,考核项目得分按组卷比例进行折算。

(4)考核方式说明:该项目为实际操作,以操作过程与操作标准进行评分。

(5)考核时限:同测量模块。

(6)配分、评分标准:同测量模块。

BBA004 利用《中图法》分类语言文字类图书

(1)准备要求:

序号	名称	规格	数量	备注
1	语言、文字类图书		5册	未加工过的不同种书
2	《中图法》第四版		1册	
3	铅笔		1支	
4	橡皮		1块	

(2)操作程序说明:

① 分析图书的内容特征;

② 从分类表中找出最恰当的类目,选择相应的类号;

③ 给定分类号,用铅笔写在书名页的左上角。

(3)考核规定说明:

① 如操作违章,将停止考核;

② 考核采用百分制,考核项目得分按组卷比例进行折算。

(4)考核方式说明:该项目为实际操作,以操作过程与操作标准进行评分。

(5)考核时限:同测量模块。

(6)配分、评分标准:同测量模块。

六、图书著录(BCA)

(一)测量模块

1. 考核要求

(1)必备的文具、用具准备齐全;

(2)熟练掌握图书著录的方法。

2. 考核时限

(1)准备时间:1min;

(2)操作时间:10min,从正式操作开始计时;

(3)考核时提前完成操作不加分,超时操作按规定标准评分。

3. 配分、评分标准

序号	考核内容	考核要点	配分	评分标准	检测结果	扣分	得分	备注
1	准备工作	钢笔	5	未准备扣5分				
2	操作程序	第一行空两格	10	未按要求做不得分				
		著录书名	30	漏字、改字错一处各扣5分				
		把题名中的全部文字照录,书名中出现的外文字母、阿拉伯数字、汉语拼音符号、标点符号等照录	30	未把题名中的全部文字照录扣6分;未将书名中出现的外文字母、阿拉伯数字、汉语拼音符号、标点符号等照录各扣6分				
		卷、册次与正书名之间空一格	15	未按要求写不得分;不规范一处扣5分				
		字迹规范整齐	10	字体不规范扣5分;不整齐扣5分				
3	环保要求及其他	严格遵守环保要求; 在规定时间内完成		工具、资料摆放不整齐、场地不清从总分中扣5分;每超时30s从总分中扣5分;超时1min停止操作				
	合计		100					

(二)考试试题

BCA001 单纯书名的著录

(1)准备要求:

序号	名称	规格	数量	备注
1	图书		3册	具有单纯书名
2	白纸 (或标准空白目录卡片)		1张 (或卡片3张)	
3	钢笔		1支	

(2)操作程序说明:

① 确定书名页为著录根据;

② 著录正题名。

(3)考核规定说明:

① 如操作违章,将停止考核;

② 考核采用百分制,考核项目得分按组卷比例进行折算。

(4)考核方式说明:该项目为实际操作,以操作过程与操作标准进行评分。

(5)考核时限:同测量模块。

(6)配分、评分标准:同测量模块。

BCA002 单一责任者的著录

(1)准备要求:

序号	名称	规格	数量	备注
1	图书		3册	具有单一责任者
2	白纸 (或标准空白目录卡片)		1张 (或卡片3张)	
3	钢笔		1支	

(2)操作程序说明:

① 确定书名页为著录根据;

② 著录责任者。

(3)考核规定说明:

① 如操作违章,将停止考核;

② 考核采用百分制,考核项目得分按组卷比例进行折算。

(4)考核方式说明:该项目为实际操作,以操作过程与操作标准进行评分。

(5)考核时限:同测量模块。

(6)配分、评分标准:

序号	考核内容	考核要点	配分	评分标准	检测结果	扣分	得分	备注
1	准备工作	钢笔	4	未准备不得分				
2	操作程序	中国责任者的著录方式是:时代+责任者名称+责任方式	18	未按规则写一处扣6分				
		外国责任者的著录方式是:国别+责任者名称+责任方式	18	未按规则写一处扣6分				
		如果书名页等处未载名责任者,而在书名中包含责任者名称时,也要著出责任者	15	未按规则写一处扣5分				
		责任者照原书所题著录	18	未按规则写一处扣6分				
		著录责任方式	15	未按规则写一处扣5分				
		字体规范整齐	12	字体不规范一处扣4分				

续表

序号	考核内容	考核要点	配分	评分标准	检测结果	扣分	得分	备注
3	环保要求及其他	严格遵守环保要求； 在规定时间内完成		工具、资料摆放不整齐、场地不清从总分中扣5分；每超时30s从总分中扣5分；超时1min停止操作				
合　计			100					

BCA003 版本项的著录

(1)准备要求：

序　号	名　称	规　格	数　量	备　注
1	图书 （版次在2版以上的）		3册	不同种的图书
2	白纸 （或标准空白目录卡片）		1张 （或卡片3张）	
3	钢笔		1支	

(2)操作程序说明：

① 确定版权页为著录根据；

② 著录版本项。

(3)考核规定说明：

① 如操作违章，将停止考核；

② 考核采用百分制，考核项目得分按组卷比例进行折算。

(4)考核方式说明：该项目为实际操作，以操作过程与操作标准进行评分。

(5)考核时限：同测量模块。

(6)配分、评分标准：

序号	考核内容	考核要点	配分	评分标准	检测结果	扣分	得分	备注
1	准备工作	钢笔	4	未准备不得分				
2	操作程序	版本项的著录内容和项目标识符：. -版次/与本版有关的第一责任者；与本版有关的其他责任者，其他版本形式	21	未按规则写一处扣7分				
		第一版可省略不著，其他版照录，省略“第”字	21	未按规则写一处扣7分				
		属于补充解释版次的文字，置于(　　)内著录于版次之后	21	未按规则写一处扣7分				
		与新版有关的责任者要著录责任方式	18	未按规则写一处扣6分				
		字体规范整齐	15	字体不规范一处扣5分				
3	环保要求及其他	严格遵守环保要求； 在规定时间内完成		工具、资料摆放不整齐、场地不清从总分中扣5分；每超时30s从总分中扣5分；超时1min停止操作				
合　计			100					

中　级　工

第三部分 中级工理论知识试题

鉴定要素细目表

行业:石油天然气　　工种:图书管理员　　等级:中级工　　鉴定方式:理论知识

行为领域	代码	鉴定范围（重要程度比例）	鉴定比重	代码	鉴定点	重要程度	备注
基础知识 A 25%	A	图书馆学知识（05:04:01）	10%	001	图书馆的职能	X	LS
				002	图书馆的构成要素	X	LS
				003	图书馆的读者定义	X	
				004	图书馆类型的划分方法	X	
				005	国家图书馆的概念	Y	
				006	图书馆目录的类型	X	
				007	图书馆事业的发展原理	Y	
				008	图书馆事业的建设原则	Z	
				009	图书馆事业发展水平的衡量标准	Y	
				010	图书馆网的含义	Y	LS
	B	文献学知识（05:04:01）	10%	001	信息的概念	X	LS
				002	知识的概念	Y	
				003	图书文献发展的趋势	Y	
				004	图书文献的社会意义	Z	
				005	图书文献对人们的作用	Y	
				006	文献的提供方式	X	LS
				007	文献检索工具的使用方法	X	
				008	文献检索的形式	X	JD
				009	文献形式的发展	Y	
				010	文献的构成要素	X	
	C	计算机知识（03:02:00）	5%	001	计算机硬件的概念	X	
				002	硬件的五大类别	Y	
				003	输出设备的概念	X	JD
				004	计算机软件的概念	X	
				005	计算机软件的分类	Y	

续表

行为领域	代码	鉴定范围（重要程度比例）	鉴定比重	代码	鉴定点	重要程度	备注
专业知识 B 75%	A	图书分类知识（10:08:01）	19%	001	图书分类法的概念	X	JD
				002	图书分类法的标记符号	X	
				003	编号制度的方式	Y	JD
				004	双位制的概念	Z	
				005	图书分类的工作流程	X	
				006	《中图法》的助记符号	X	LS
				007	分类索书号的概念	Y	
				008	分类索书号的组成元素	X	
				009	《中图法》N大类的收录范围	X	
				010	《中图法》O类的收录范围	X	
				011	《中图法》P类的收录范围	Y	
				012	《中图法》Q大类的收录范围	Y	
				013	《中图法》R大类的收录范围	X	
				014	《中图法》S大类的收录范围	Y	
				015	《中图法》T大类的收录范围	X	
				016	《中图法》U大类的收录范围	Y	
				017	《中图法》V大类的收录范围	Y	
				018	《中图法》X大类的收录范围	Y	
				019	《中图法》Z大类的收录范围	X	
	B	图书编目知识（05:04:01）	10%	001	文献分类的步骤	X	LS
				002	文献的编目分类	X	LS
				003	图书馆的目录体系	Y	LS
				004	图书馆款目的概念	Y	
				005	文献类型标识符的使用方法	Z	
				006	文献著录的标准化原则	X	LS
				007	责任者的著录方式	X	
				008	责任方式的内容	Y	
				009	统计调查的方法	Y	JD
				010	《国标书目著录》的规定项目	X	
	C	连续出版物知识（05:03:02）	10%	001	连续出版物的分类	X	
				002	连续出版物目录的编制	Y	
				003	连续出版物的著录项目	X	LS
				004	连续出版物著录的格式	X	
				005	连续出版物剔旧补缺的方法	X	
				006	连续出版物排架的方法	Y	JD
				007	连续出版物阅览的要求	X	

续表

行为领域	代码	鉴定范围（重要程度比例）	鉴定比重	代码	鉴 定 点	重要程度	备注
专业知识 B 75%	C	连续出版物知识（05:03:02）	10%	008	连续出版物外借的规定	Y	JD
				009	连续出版物索引的概念	Z	
				010	连续出版物文摘的概念	Z	
	D	藏书建设知识（06:04:02）	12%	001	图书保护的方法	X	LS
				002	藏书的清点方法	X	JD
				003	图书的排架方法	X	JD
				004	藏书的布局方法	X	
				005	图书三线典藏制的概念	X	LS
				006	藏书采集工作的原则	Z	
				007	藏书补充的工作流程	Y	
				008	藏书补充的方式	Z	
				009	藏书剔除的方法	X	LS
				010	书库划分的方法	Y	
				011	省级公共图书馆藏书建设的特点	Y	
				012	高等院校图书馆藏书建设的特点	Y	
	E	书目工作知识（06:04:01）	11%	001	书目的类型	X	JD
				002	国家书目的内容	X	
				003	联合书目的作用	X	
				004	专题书目的作用	X	JD
				005	推荐书目的概念	X	
				006	地方文献书目的作用	Z	
				007	个人著述书目的概念	Y	JD
				008	二次文献的概念	X	
				009	推荐书目的编制方法	Y	
				010	文摘的编制方法	Y	
				011	索引的编制方法	Y	
	F	读者工作知识（06:05:02）	13%	001	报道服务的概念	X	JD
				002	编译服务的概念	Y	
				003	文献检索服务的内容	X	JD
				004	情报服务的概念	Y	
				005	视听服务的内容	X	
				006	复制服务的概念	Y	
				007	组织与研究读者的内容	Y	
				008	图书馆各项服务的原则	Z	
				009	编目部门的含义	Y	JD

续表

行为领域	代码	鉴定范围（重要程度比例）	鉴定比重	代码	鉴定点	重要程度	备注
专业知识 B 75%	F	读者工作知识（06:05:02）	13%	010	阅览部门与读者的关系	X	
				011	读者统计分析的方法	X	
				012	读者心理的概念	Z	
				013	读者教育的概念	X	LS

注：X—核心要素；Y—一般要素；Z—辅助要素。

理论知识试题

一、选择题(每题4个选项,只有1个是正确的,将正确的选项号填入括号内)

1. AA001 保存人类文化遗产是图书馆其他职能的( )。
(A) 基础 (B) 依据 (C) 前身 (D) 源泉

2. AA001 图书馆的职能,是在图书馆长期发展过程中形成的,是由其( )决定的。
(A) 规模 (B) 机构 (C) 性质 (D) 藏书情况

3. AA001 图书馆的职能是( )。
(A) 文献保存、咨询服务、文献整序、文献传递
(B) 社会教育、文献保存、咨询服务、文献传递
(C) 文献保存、文献整序、文献传递、社会教育
(D) 文献促存、文献整序、文献传递、咨询服务

4. AA001 图书馆的整序职能通常通过馆藏文献信息的( )等手段来实现的。
(A) 收集、分类、保管 (B) 分类、编目、保管、储藏
(C) 收集、编目、保存 (D) 分类、保管、保存

5. AA002 图书馆的构成要素是( )。
(A) 藏书、顾客、馆员、建筑与设备、技术方法
(B) 藏书、读者、工作人员、建筑与设备、技术方法
(C) 期刊、读者、工作人员、书架、技术方法
(D) 藏书、馆员、工作人员、设备、技术方法

6. AA002 图书馆的服务对象是( )。
(A) 藏书 (B) 馆员 (C) 设备 (D) 读者

7. AA002 图书馆工作效率的高低、图书馆社会作用的大小,都取决于图书馆的( )。
(A) 工作人员 (B) 读者 (C) 藏书数量 (D) 建筑与设备

8. AA002 藏书、读者、工作人员、建筑与设备、技术方法是图书馆的( )要素。
(A) 组合 (B) 编制 (C) 构成 (D) 联合

9. AA003 图书馆的读者,是指具有( )能力,与图书馆建立借阅关系,利用图书馆藏书的人。
(A) 欣赏 (B) 检索 (C) 自理 (D) 阅读

10. AA003 对于未与图书馆建立借阅关系,偶尔利用图书馆的人,是图书馆的( )读者。
(A) 潜在 (B) 临时 (C) 普通 (D) 一般

11. AA003 具有阅读能力,既没有与图书馆建立借阅关系,又未利用图书馆的人,是图书馆的( )读者。
(A) 潜在 (B) 特殊 (C) 一般 (D) 正式

12. AA004 省图书馆属于( )图书馆。
(A) 专业技术 (B) 科研 (C) 公共 (D) 学校

13. AA004 中国科学院图书馆属于( )图书馆系统。

(A) 学校　(B) 专业技术　(C) 科研　(D) 公共

14. AA004　北京大学图书馆属于（　）图书馆系统。

(A) 公共　(B) 科研　(C) 高校　(D) 专业技术

15. AA004　属于公共图书馆的是（　）图书馆。

(A) 省　(B) 国家　(C) 军队　(D) 工会

16. AA005　凡按照法律规定或其他安排,负责搜集和保管本国的所有（　）的副本,并起储藏图书作用,不管其名称如何,都是国家图书馆。

(A) 书目　(B) 图书　(C) 法律文件　(D) 重要出版物

17. AA005　世界上最大的图书馆是（　）。

(A) 北京图书馆　(B) 美国国会图书馆

(C) 法国国家图书馆　(D) 不列颠图书馆

18. AA005　国家图书馆能够全面、系统、完整地收藏本国的出版物,能够成为荟萃本国文化的宝库,是由于执行了（　）。

(A) 法律制度　(B) 共享制度　(C) 保存本制度　(D) 呈缴本制度

19. AA006　图书馆目录按使用对象划分,有读者目录和（　）两种。

(A) 公务目录　(B) 分类目录　(C) 主题目录　(D) 书名目录

20. AA006　专门供读者使用的目录是（　）。

(A) 书名目录　(B) 主题目录　(C) 著者目录　(D) 读者目录

21. AA006　分类目录是按照图书文献内容的（　）,依据图书馆采用的图书分类法组织而成的目录。

(A) 主题　(B) 种类　(C) 名称　(D) 学科体系

22. AA007　从图书馆的产生和发展过程来看,凡对推动图书馆的发展具有普遍意义的基本规律,谓之图书馆事业的（　）。

(A) 建设原理　(B) 基本原理　(C) 发展原理　(D) 基本法则

23. AA007　图书馆事业的发展规划,要根据（　）发展的情况制定。

(A) 政治　(B) 文化　(C) 教育　(D) 经济

24. AA007　图书馆事业的发展要适应广大人民群众的（　）需要。

(A) 阅读　(B) 物质　(C) 精神　(D) 生活

25. AA008　我国图书馆事业的建设原则是（　）。

(A) 国家办馆　(B) 国家办馆与群众办馆相结合

(C) 群众办馆　(D) 社会团体办馆

26. AA008　《全国图书协调方案》是国务院全体会议于（　）年批准的。

(A) 1960　(B) 1978　(C) 1956　(D) 1957

27. AA008　不属于图书馆建设原则的是（　）。

(A) 基建投资　(B) 全面规划　(C) 统筹安排　(D) 分工协作

28. AA008　国家办馆与群众办馆相结合是（　）图书馆事业的建设原则。

(A) 美国　(B) 中国　(C) 日本　(D) 俄罗斯

29. AA009　以图书馆的数量与人口的数量比例来看图书馆的普及程度称作（　）。

(A) 藏书保障率　(B) 藏书利用率

(C) 图书馆设置率　(D) 人均投资费用

30. AA009　平均每个读者拥有公共图书馆藏书的册数称作（　）。

（A）藏书保障率　　（B）藏书利用率

（C）图书馆设置率　　（D）人均投资费用

31. AA009　1850年（　）国颁布了第一部图书馆法。

（A）德　　（B）法　　（C）美　　（D）英

32. AA009　英国颁布的第一部图书馆法是（　）年。

（A）1650　　（B）1750　　（C）1850　　（D）1950

33. AA010　我国的图书馆协作网产生于20世纪（　）年代。

（A）40　　（B）50　　（C）60　　（D）70

34. AA010　现代图书馆网包含图书馆事业网和文献资料（　）两个不同的概念。

（A）计算机检索网　　（B）手工检索网

（C）机械检索网　　（D）互联协作网

35. AA010　在（　）世纪后期欧美一些国家的图书馆开展了馆际互借、编制联合目录等活动来拓展图书馆的业务工作。

（A）17　　（B）18　　（C）19　　（D）20

36. AA010　图书馆信息资源配置的最终目标是实现资源共享，而资源共享的前提则是图书馆的（　）。

（A）自动化　　（B）特色化　　（C）社会化　　（D）网络化

37. AB001　信息最本质的特征是（　）。

（A）可存储性　　（B）可浓缩性　　（C）可传递性　　（D）可转换性

38. AB001　“信息”一词，在我国最早见于（　）代诗人李中的《暮春怀古人》一诗中。

（A）宋　　（B）清　　（C）唐　　（D）元

39. AB001　在信息社会里，（　）是一种重要而又抽象的无形资源。

（A）知识　　（B）符号　　（C）图像　　（D）信息

40. AB001　可传递性是（　）最本质的特征。

（A）知识　　（B）文化　　（C）信息　　（D）图像

41. AB002　知识是人们对自然和社会的认识和（　）的总和。

（A）描述　　（B）了解　　（C）归纳　　（D）综合

42. AB002　知识是一种意识形态的东西，（　）的大脑是产生知识的生理基础。

（A）动物　　（B）生物　　（C）人　　（D）猩猩

43. AB002　人类创造的精神财富是指（　）。

（A）信息　　（B）文化知识　　（C）杂志　　（D）图书

44. AB002　人们对自然和社会的认识和描述的总和是（　）。

（A）知识　　（B）信息　　（C）图书　　（D）教育

45. AB003　据统计，自然科学图书文献的平均老化期为（　）年。

（A）3　　（B）5　　（C）8　　（D）10

46. AB003　不属于图书文献的发展趋势特征的是（　）。

（A）数量大　　（B）增长快　　（C）内容集中　　（D）交叉重复

47. AB003　世界上出版的科技文献使用最多的文种是（　）。

（A）英文　　（B）德文　　（C）法文　　（D）中文

48. AB003　英文是世界上出版的科技文献使用（　）文种。
(A) 最多的　(B) 最少的　(C) 最有用的　(D) 最好的

49. AB004　图书文献是储存和传播知识的（　）。
(A) 主体　(B) 客体　(C) 载体　(D) 物体

50. AB004　图书文献是许多人和相关的行业共同（　）创造的。
(A) 实践　(B) 学习　(C) 劳动　(D) 思考

51. AB004　图书文献是人们共同创造的一种精神财富,又是人类社会的一种重要的（　）。
(A) 财富　(B) 物质　(C) 工具　(D) 资源

52. AB004　储存和传播知识的载体是（　）。
(A) 文化　(B) 信息　(C) 图书文献　(D) 图像

53. AB005　知识的记录以及知识的继承,主要是以（　）存储和传播来完成的。
(A) 印刷本　(B) 磁带　(C) 光盘　(D) 图书文献

54. AB005　在人们的日常生活中,（　）可以使人们从幼年到成年以至老年接受各种系统的知识。
(A) 报纸　(B) 期刊　(C) 教科书　(D) 文艺作品

55. AB005　图书文献是人们学习知识、提高文化水平的（　）。
(A) 载体　(B) 工具　(C) 方式　(D) 手段

56. AB006　有利于文献保护的文献提供方式是（　）方式。
(A) 开架　(B) 闭架　(C) 半开架　(D) 半开半闭

57. AB006　读者可以直接进入书库,随意浏览自由选择所需要的图书的文献流通的方式是（　）方式。
(A) 开架　(B) 闭架　(C) 半开半闭　(D) 半开架

58. AB006　读者只能看到排列在书架上的书刊的书脊,这种文献提供方式是（　）方式。
(A) 半开架　(B) 开架　(C) 闭架　(D) 半开半闭

59. AB006　文献的提供方式主要为（　）方式。
(A) 开架、闭架、半开架　(B) 开架、闭架
(C) 阅览、外借　(D) 阅览、外借、复制

60. AB007　查找我国公开报刊论文的主要检索工具是（　）。
(A)《全国报刊索引》　(B)《全国总书目》
(C)《现代科学技术词典》　(D)《中国大百科全书》

61. AB007　目录、索引、文摘都属于（　）检索工具。
(A) 附注　(B) 机械　(C) 附录　(D) 手工

62. AB007　技术标准的检索工具主要是各国和国际的（　）。
(A) 分类号　(B) 标准目录　(C) 标准号　(D) 分类目录

63. AB007　《中心专利索引》以（　）形式报道 14 个国家及两个国际组织有关化学、化工和冶金方面的专利文献。
(A) 题录　(B) 索引　(C) 文摘　(D) 目录

64. AB008　要检索《文革》这个刊物出版期数和收藏单位要从（　）工具书中查找。
(A)《全国中文期刊联合目录》　(B)《全国报刊索引》
(C)《全国报刊学论文索引》　(D)《中文科技资料目录》

65. AB008　论文或书籍的内容摘要是（　）检索工具形式。
(A) 摘要　(B) 文摘　(C) 摘抄　(D) 索引

66. AB008　《世界专利索引》以（　）形式报道 27 个国家和两个国际组织的专利文献。
(A) 索引　(B) 题录　(C) 文摘　(D) 目录

67. AB008　传统文献的检索方式有（　）。
(A) 目录、索引　(B) 目录、索引、文摘
(C) 目录、索引、报道　(D) 目录、报道

68. AB009　"字典"一词始于清朝的（　）。
(A)《辞源》　(B)《尔雅》　(C)《康熙字典》　(D)《说文解字》

69. AB009　我国古代第一部词典性质的书是（　）。
(A)《康熙字典》(B)《辞源》　(C)《尔雅》　(D)《说文解字》

70. AB009　我国古代第一部字典性质的书,是东汉许慎编写的（　）。
(A)《汉语成语大词典》　(B)《说文解字》
(C)《中华大字典》　(D)《康熙字典》

71. AB009　文献构成的四个要素是（　）
(A) 信息载体、载体材料、信息符号、记录方式
(B) 信息内容、载体材料、信息符号、记录方式
(C) 信息内容、载体内容、信息符号、记录内容
(D) 信息载体、载体材料、信息符号、记录内容

72. AB010　文献构成要素中,表达信息内容的手段或表达记录信息的工具是（　）。
(A) 记录信息　(B) 信息代码　(C) 记录代码　(D) 信息符号

73. AB010　人类传播和交流知识信息的第一载体是（　）载体。
(A) 实物　(B) 大脑　(C) 文献　(D) 媒介

74. AB010　知识记录在自然物质材料上的一种载体是（　）载体。
(A) 知识　(B) 材料　(C) 实物　(D) 记录

75. AB010　文献构成的要素中,表示记录信息符号的物质材料是（　）材料。
(A) 载体　(B) 记录　(C) 媒介　(D) 信息

76. AC001　构成计算机的物理器件是（　）。
(A) 中央处理器 (B) 外设　(C) 软件　(D) 硬件

77. AC001　目前的电子计算机都在应用冯·诺依曼提出的（　）原理。
(A) 逻辑判断　(B) 存储程序　(C) 自动处理　(D) 自动控制

78. AC001　只有硬件没有软件的计算机是（　）信息的。
(A) 不能处理　(B) 能够处理　(C) 能够编辑　(D) 不能编辑

79. AC001　硬件是指计算机的物理装置,也就是可以看得见摸得着的计算机零部件,例如,主机箱、（　）等。
(A) office　(B) 显示器　(C) DOS　(D) windows

80. AC002　计算机硬件设备中,主要完成各种算术运算、逻辑运算、对信息加工和处理的部件是（　）。
(A) 输出设备　(B) 运算器　(C) 控制器　(D) CPU

81. AC002　计算机五大硬件中,负责全机的控制工作的是（　）。

(A) 控制器　(B) CPU　(C) 监控器　(D) 处理器

82. AC002　构成计算机硬件系统的五大部分是指（　）。

(A) 主机、键盘、打印机、显示器、驱动器

(B) 控制器、运算器、存储器、输入设备、输出设备

(C) 主板、软驱、硬盘、内存、光驱

(D) CPU、存储器、运算器、输入设备、输出设备

83. AC002　主机、键盘、显示器、鼠标、（　）等实体通常称为计算机的硬件。

(A) 磁盘驱动器　(B) 打印机　(C) 软驱　(D) 内存

84. AC003　不属于计算机输出设备的是（　）。

(A) 打印机　(B) 显示器　(C) 扫描仪　(D) 自动绘图仪

85. AC003　属于输出设备的是（　）。

(A) 扫描仪　(B) 磁盘机　(C) 打印机　(D) 磁盘

86. AC003　将计算机内的数据输出到外界的设备是（　）。

(A) 控制器　(B) 输入设备　(C) 微处理器　(D) 输出设备

87. AC003　激光打印机是（　）技术结合的产物。

(A) 激光扫描、通信　(B) 电子计算机、电子照相

(C) 电子计算机、通信　(D) 激光扫描、电子照相

88. AC004　与计算机操作有关的程序是（　）。

(A) 硬件　(B) 软件　(C) 外设　(D) 操作系统

89. AC004　ASCⅡ码规定,一个字符的编码用一个字节表示编码共（　）个字符和控制字符。

(A) 225　(B) 128　(C) 127　(D) 256

90. AC004　二进制数 01010001 可用（　）来表示。

(A) 81B　(B) 51H　(C) 81H　(D) 51

91. AC004　软件分为系统软件和（　）软件。

(A) 操作　(B) 应用　(C) 处理　(D) 服务

92. AC005　管理、监控和维护计算机资源的软件是（　）。

(A) 应用软件　(B) 系统软件　(C) 操作系统　(D) 编译程序

93. AC005　用户为了解决实际问题所编制的软件是（　）。

(A) 操作系统　(B) 计算机语言　(C) 应用软件　(D) 系统软件

94. AC005　随机提供的是（　）,就相当于计算机的管家。

(A) 软件包　(B) 操作系统　(C) 应用软件　(D) 系统软件

95. AC005　计算机软件分为（　）软件两大类。

(A) 实用、系统　(B) 操作、实用

(C) 系统、应用　(D) 应用、操作

96. BA001　图书分类法是一种（　）语言。

(A) 分类标记　(B) 分类查找　(C) 分类排序　(D) 分类检索

97. BA001　每个类目必须给予相应的名称来表示该类固有性质,这个名称叫（　）

(A) 类　(B) 分类　(C) 类名　(D) 类分

98. BA001　图书分类包括（　）两个含义。

（A）类、归类　　（B）分类、归类

（C）分类含义、分类标准　　（D）分类任务、分类应用

99. BA001　分类法的主要特点是（　）。

（A）系统性　（B）直接性　（C）便捷性　（D）科学性

100. BA002　图书分类法结构形式由类目表、（　）、说明和注释、类目索引四部分组成。

（A）标引符号　（B）标记　（C）标记符号　（D）标引

101. BA002　图书分类法采用的标记符号有（　）号码。

（A）单纯、混合　　（B）字母、标点

（C）长、缩短　　（D）单纯、特殊

102. BA002　现代图书分类法采用（　）来代表类目，并固定类目的次序，以利于图书馆组织藏书和编制图书分类目录。

（A）标引　（B）标引符号　（C）标记符号　（D）标记

103. BA003　《中图法》的编号制度是采用（　）编制的。

（A）顺序制　（B）层累制　（C）字母顺序　（D）层累顺序混合制

104. BA003　图书分类法中，代表各级类目的标记符号是（　）号码。

（A）单纯　（B）混合　（C）分类　（D）助记

105. BA003　《人大法》采用的编号制度是（　）。

（A）层累顺序混合制　　（B）顺序制

（C）字母顺序　　（D）层累制

106. BA004　双位制编号法采用层累制编号时，当同位类目超过17个时用双位数（　）来表示。

（A）11～99　（B）10～99　（C）20～99　（D）19～99

107. BA004　双位制是同位类目超过（　）时，号码编制用11，12，13，…，99来表示。

（A）16　（B）17　（C）10　（D）9

108. BA004　双位制编号法用于（　）编号制度中。

（A）顺序制　　（B）层累顺序混合制

（C）层累制　　（D）借号法

109. BA005　图书分类工作的第一个阶段是（　）。

（A）查重　（B）辨类　（C）归类　（D）给分类号

110. BA005　利用图书辨类的结果，确定图书应属的类目，在图书分类工作中属于（　）阶段。

（A）查重　（B）辨类　（C）归类　（D）分类

111. BA005　分析图书的内容，以掌握图书的全面情况在图书分类工作中属（　）阶段。

（A）查重　（B）辨类　（C）归类　（D）给分类号

112. BA006　《中图法》辅助区分号用（　）来表示组配。

（A）：　（B）＝　（C）［］　（D）（）

113. BA006　《中图法》助记符号作为推荐符号的是（　）。

（A）/　（B）＝　（C）－　（D）α

114. BA006　《中图法》助记符号中作为起止符号的是（　）。

(A) [ ]　(B) ( )　(C) /　(D) -

115. BA007　每种图书在整个藏书组织所处位置的号码标志是（　）号。

(A) 书次　(B) 种次　(C) 索书　(D) 分类

116. BA007　分类排架的图书馆用以索取图书的号码是（　）号。

(A) 分类索引　(B) 索书　(C) 分类索书　(D) 索引

117. BA007　排架号又称（　）。

(A) 索书号　(B) 索引号　(C) 分类号　(D) 书次号

118. BA008　分类索书号中（　）部分用于确定同类图书先后次序。

(A) 分类号　(B) 顺序号　(C) 书次号　(D) 辅助区分号

119. BA008　分类索书号中（　）部分表示该种图书在分类体系中的位置。

(A) 辅助区分号　(B) 书次号

(C) 分编号　(D) 分类号

120. BA008　不属于分类索书号的组成元素——辅助区分号的版本号的是（　）。

(A) =　(B) -　(C) :　(D) ( )

121. BA009　《自然科学基础》分类在（　）。

(A) K991　(B) N0　(C) O623.8　(D) P44

122. BA009　《世界系统面临的分叉和对策》分类在（　）。

(A) O3　(B) Q592　(C) N94　(D) TV33

123. BA009　《北京科技年鉴》分类在（　）。

(A) I　(B) P　(C) J　(D) N

124. BA010　《数学模型》分类在（　）。

(A) O22　(B) TP31　(C) R99　(D) Q946

125. BA010　《结构力学学习方法及解题指导》分类在（　）。

(A) K93　(B) C34　(C) O342　(D) H01

126. BA010　《基础有机化学》分类在（　）。

(A) Z42　(B) U674.78　(C) O62　(D) R455

127. BA011　《等高方法及其在基本天体测量中的应用》分类在（　）。

(A) Q　(B) U　(C) O　(D) P

128. BA011　《地球的昨天》分类在（　）。

(A) I　(B) K　(C) P　(D) R

129. BA011　《儿童地图册》分类在（　）。

(A) P98　(B) I210　(C) R765　(D) Q41

130. BA012　《生物学中的放射性核技术》分类在（　）。

(A) P736　(B) Q-3　(C) O61　(D) F132

131. BA012　《普通生态学》分类在（　）。

(A) D91　(B) R57　(C) S72　(D) Q14

132. BA012　《基础生理学》分类在（　）。

(A) S88　(B) T-18　(C) Q41　(D) R446

133. BA013　《妇女更年期保健70问》分类在（　）。

(A) R173　(B) TB92　(C) P56　(D) U656.1

134. BA013 《人体解剖与生理学》分类在（ ）。

(A) O52 (B) R322 (C) TH6 (D) V242.4

135. BA013 《全身 CT 和 MRI》分类在（ ）。

(A) P58 (B) O53 (C) TB8 (D) R841

136. BA014 《农业气象 100 问》分类在（ ）。

(A) S16 (B) I25 (C) G811 (D) O52

137. BA014 《西瓜高效栽培技术》分类在（ ）。

(A) TQ (B) TP (C) TH (D) S

138. BA014 《家庭养花全书》分类在（ ）。

(A) J (B) S (C) H (D) E

139. BA015 《石油开发地质学》分类在（ ）。

(A) TE (B) TP (C) Q (D) R

140. BA015 《电子技能与训练》分类在（ ）。

(A) I (B) Q (C) P (D) TN

141. BA015 《电子计算机与管理应用程序设计》分类在（ ）。

(A) H (B) D (C) TP (D) E

142. BA016 《21 世纪的铁路》分类在（ ）。

(A) TP (B) Q (C) D (D) U

143. BA016 《汽车驾驶教学实习》分类在（ ）。

(A) Q (B) U (C) I (D) A

144. BA016 《舰船百科全书》分类在（ ）。

(A) R (B) H (C) U (D) V

145. BA017 《探宇与航天》分类在（ ）。

(A) U (B) V (C) K (D) E

146. BA017 《航空机载电子系统与设备》分类在（ ）。

(A) V (B) C (C) R (D) Q

147. BA017 《世界航空航天史话》分类在（ ）。

(A) D (B) E (C) V (D) H

148. BA018 《社会发展与生态环境》分类在（ ）。

(A) S (B) F (C) T (D) X

149. BA018 《环境保护在中国》分类在（ ）。

(A) O (B) X (C) Q (D) A

150. BA018 《工业废气污染控制与利用》分类在（ ）。

(A) D (B) E (C) X (D) T

151. BA019 《简明不列颠百科全书》分类在（ ）。

(A) G (B) H (C) J (D) Z

152. BA019 《世界知识年鉴》分类在（ ）。

(A) Z (B) D (C) H (D) E

153. BA019 《新华文摘总目录》分类在（ ）。

(A) B (B) C (C) Z (D) X

154. BB001　文献分类的基本步骤不包括（　）。

（A）查重　（B）文献登记　（C）归类　（D）编定索书号

155. BB001　文献分类的基本步骤中，（　）原则上是通过公务书名目录，查明待分配文献是否有过收藏或是不同卷册、不同版本。

（A）查重　（B）归类　（C）辨类　（D）编定索书号

156. BB001　文献分类的基本步骤中，进行分析确认文献的内容的步骤是（　）。

（A）查重　（B）归类　（C）辨类　（D）编定索书号

157. BB001　在编定索书号这一分类工作步骤中，书次号的编排方法不包括（　）。

（A）按著作的出版时间排

（B）按著者姓氏笔划顺序排

（C）按同类书中的每种书的分编先后次序排

（D）按国别排

158. BB002　我国传统的文献目录形式是（　）目录。

（A）书本式　（B）卡片式　（C）分类式　（D）便携式

159. BB002　编制图书馆的目录，是指（　）。

（A）款目　（B）排目　（C）著录　（D）编目

160. BB002　文献编目基本上可分为（　）两大部分。

（A）文献著录和文献组织　（B）编制款目和组织目录

（C）编制目录和组织款目　（D）文献著录和文献分析

161. BB003　图书馆中揭示馆藏的重要工具是（　）。

（A）分类目录　（B）编目体系　（C）目录体系　（D）目录

162. BB003　按照书名的字顺组织排列起来的目录是（　）目录。

（A）书名　（B）名称　（C）字顺　（D）排序

163. BB003　根据主题词表，按照文献研究对象的主题字顺组织起来的目录是（　）目录。

（A）主题词　（B）主题　（C）主要　（D）主体

164. BB003　按照图书馆所采用的图书分类法来组织编排的是（　）目录。

（A）分类　（B）类别　（C）类分　（D）书类

165. BB004　对文献内容、特征和物质形态所做的必要的记录是（　）。

（A）编目　（B）款目　（C）著录　（D）目录

166. BB004　由（　）组成的目录才能显示整个藏书的内容。

（A）类目　（B）索引　（C）款目　（D）标目

167. BB004　款目是用著录方法将文献的（　）特征按一定的格式准确记录下来。

（A）主题、外表　（B）内容、外表

（C）主题、形式　（D）内容、形式

168. BB005　文献类型代码表中，科技报告的双字码代码为“BG”，其简称和单字码代码正确的是（　）。

（A）告、R　（B）科、K　（C）科、R　（D）告、G

169. BB005　文献类型代码规定杂志的简称为刊，其双字码和单字码代码正确的是（　）。

（A）zz、z　（B）QK、J　（C）KW、K　（D）ZZ、M

170. BB005　在文献著录中,文献类型标识符著录于文献题名之后,并用（　）符号括起。

（A）〈〉　（B）()　（C）[]　（D）{}

171. BB005　文献类型标识符分（　）代码两种。

（A）文献分类、文献载体　（B）文献类型、文献索引

C）文献分类、文献索引　（D）文献类型、文献载体

172. BB006　著录著者项的主要规则是统一著者名称,区分著者,分清著者的不同（　）。

（A）责任　（B）版权　（C）参照　（D）特点

173. BB006　文献著录标准化的核心是（　）。

（A）文献著录互换　（B）文献易于识别

（C）统一著录法　（D）文献转换

174. BB006　文献著录一般以书名页为准,其次是（　）,还有参照全书。

（A）次序页　（B）责任项　（C）版权页　（D）款目

175. BB007　图书同一种责任方式内有两个或两个以上责任者时,称为（　）。

（A）单一责任者　（B）多责任者

（C）合著者　（D）多责任方式

176. BB007　责任者对著作所负担的包括著、译、编、注等责任表示的是（　）。

（A）编注方式　（B）责任著录　（C）著译方式　（D）责任方式

177. BB007　文献著录中责任者的著录由（　）三部分组成。

（A）责任者国别和年代、责任方式、著作方式

（B）责任者名称、责任方式、著作方式

（C）责任者国别或时代、责任者名称、责任方式

（D）责任者名称、责任方式、责任注释

178. BB007　一种书内有两种或两种以上责任方式时,称为（　）。

（A）双责任方式　（B）单责任方式

（C）合著者　（D）多责任方式

179. BB008　不属于责任方式中的"著"的形式是（　）。

（A）写　（B）创作　（C）辑　（D）述

180. BB008　责任方式中,表示经政府机关公布实施的法令、规章或机关团体施行的规程、条例等材料的是（　）。

（A）制定　（B）批准　（C）通过　（D）报告

181. BB008　著作方式用于除了具有自己撰写的文字外,另有整理他人的著作材料的是（　）。

（A）主编　（B）著　（C）整理　（D）编著

182. BB009　统计调查所采用的搜集资料的方法不包括（　）。

（A）采访法　（B）记录法　（C）报告法　（D）直接观察法

183. BB009　所要研究的总体,由许多性质相同的调查单位组成是指（　）。

（A）统计调查　（B）调查项目　（C）调查对象　（D）调查内容

184. BB009　基本统计报表和专业统计报表组成了（　）。

（A）统计资料　（B）统计数字　（C）统计报表　（D）总计报表

185. BB009　综合统计主要是统计馆藏书刊的（　）。

(A) 总种数 (B) 总册数
(C) 总金额 (D) 总种数、总册数、总金额

186. BB010 ISBD 全称是( )。
(A) 国际标准书目编著 (B) 内部标准书目著录
(C) 内部标准书目编著 (D) 国际标准书目著录

187. BB010 《国际标准书目著录(专著本)》英文缩写形式是( )。
(A) ISBD(M) (B) ISBD(S) (C) ISBD(A) (D) ISBD(G)

188. BB010 不属于《国际标准书目著录》规定的出版物应著录的项目的是( )。
(A) 版本项 (B) 出版、发行项 (C) 标识描述项 (D) 附注项

189. BB010 《国际标准书目著录(总则)》的英文缩写形式是( )。
(A) ISBD(A) (B) ISBD(G) (C) ISBD(M) (D) ISBD(S)

190. BC001 期刊分类主要根据期刊内容的( ) 归类。
(A) 文章篇名 (B) 学科性质 (C) 作者单位 (D) 编辑单位

191. BC001 连续出版物读者目录是供读者( ) 连续出版物使用的目录。
(A) 查找 (B) 查阅 (C) 借阅 (D) 阅览

192. BC001 反映某一单位的连续出版物入藏情况的连续出版物目录为( ) 目录。
(A) 使用对象 (B) 典藏范围 (C) 查找角度 (D) 不同文种

193. BC002 日文连续出版物名字顺目录编制时,第四刊名首字一律按( ) 排列。
(A) 中文 (B) 西文 (C) 俄文 (D) 日文

194. BC002 编制连续出版物分类目录,按原则首先应确定期刊( )。
(A) 种类 (B) 版本 (C) 分类表 (D) 文种

195. BC002 连续出版物名字顺目录的编制方法首先按汉字( ) 排列。
(A) 偏旁 (B) 部首 (C) 笔顺 (D) 音序

196. BC003 《中华人民共和国国家标准连续出版物著录规则》规定,连续出版物的著录项目有( ) 项。
(A) 七 (B) 八 (C) 九 (D) 十

197. BC003 《中华人民共和国国家标准连续出版物著录规则》中第四项是( )。
(A) 题名与责任者项 (B) 版本项
(C) 出版发行项 (D) 实体描述项

198. BC003 "题名与责任者项"是《中华人民共和国国家标准连续出版物著录规则》中的第( ) 项。
(A) 一 (B) 二 (C) 三 (D) 四

199. BC003 出版发行项是《中华人民共和国国家标准连续出版物著录规则》中的( ) 项。
(A) 第一 (B) 第二 (C) 第三 (D) 第四

200. BC004 连续出版物著录格式"="为( ) 的标识。
(A) 正题名 (B) 并列题名 (C) 题名 (D) 第一责任者

201. BC004 连续出版物著录格式"No."为( ) 的标识。
(A) 卷 (B) 期 (C) 年份 (D) 日期

202. BC004 连续出版物著录格式"+"为( ) 的标识。
(A) 插图前 (B) 尺寸前 (C) 附件前 (D) 卷数

203. BC005　制定连续出版物剔旧标准和计划的依据不包括（　）。
(A) 流通情况　(B) 复本率　(C) 空间情况　(D) 目的

204. BC005　不属于首先剔除范围的连续出版物是（　）。
(A) 参考价值不大的　(B) 陈腐的
(C) 反动的　(D) 老化的自然科学刊物

205. BC005　连续出版物剔旧工作是连续出版物管理中一项重要而（　）的工作。
(A) 细致而繁琐　(B) 重要而细致
(C) 繁重而复杂　(D) 简单而容易

206. BC006　不属于连续出版物过期期刊排架方式的一项是（　）。
(A) 分类排架　(B) 版本排架　(C) 固定排架　(D) 专题排架

207. BC006　连续出版物期刊现刊按（　）排架的方式是最适合用于开架阅览的方式。
(A) 字顺排架　(B) 现刊分类　(C) 内容分类　(D) 专题分类

208. BC006　按连续出版物现刊内容分类是指把（　）相近的属于同一类目里的期刊排在一起。
(A) 版本　(B) 内容　(C) 文种　(D) 字顺

209. BC007　设置阅览室的一个重要条件应是（　）好。
(A) 环境　(B) 采光　(C) 空气　(D) 排架

210. BC007　阅览制度是针对（　）制定的规章制度。
(A) 馆员　(B) 读者　(C) 领导　(D) 勤杂人员

211. BC007　连续出版物开架阅览形式的阅读（　）率比闭架阅览形式高。
(A) 有效　(B) 借阅　(C) 阅览　(D) 利用

212. BC008　连续出版物外借的方式基本上与（　）外借的方式相同。
(A) 图书　(B) 文献　(C) 专著　(D) 情报信息

213. BC008　由于读者特殊需要,经馆长批准,（　）连续出版物可办理个人或集体外借。
(A) 现刊　(B) 过刊　(C) 中文期刊　(D) 外文期刊

214. BC008　不属于连续出版物外借的形式是（　）。
(A) 个人　(B) 集体　(C) 馆际　(D) 租赁

215. BC009　连续出版物（　）是帮助读者查找资料的重要工具。
(A) 刊名　(B) 地名　(C) 编目　(D) 索引

216. BC009　不属于类书的是（　）。
(A)《永乐大典》　(B)《古今图录集成》
(C)《文艺类聚》　(D)《通典》

217. BC009　要查找大蒜栽培史,可从（　）查到。
(A)《三才图会》　(B)《考工记图》
(C)《事物记录》　(D)《本草纲目》

218. BC009　帮助读者查找资料的（　）是连续出版物索引。
(A) 一般方法　(B) 重要工具　(C) 主要工作　(D) 主要内容

219. BC010　报道性连续出版物文献的特点是以摘述连续出版物原文的主要（　）为主。
(A) 章节　(B) 内容　(C) 事件　(D) 时代

220. BC010　不属于连续出版物文摘的内容的一项是（　）。
(A) 报道性　(B) 指示性　(C) 评论性　(D) 概括性

221. BC010　连续出版物文献是将连续出版物中的文章用精炼的语言所作的（　）摘述。
(A) 重要　(B) 重点　(C) 扼要　(D) 必要

222. BC010　以（　）连续出版物原文的主要内容为主是报道性连续出版物文献的特点。
(A) 摘述　(B) 编写　(C) 简答　(D) 叙述

223. BD001　开展藏书保护工作，其主要目的是（　）。
(A) 达到藏书安全　(B) 延长藏书寿命
(C) 保护藏书完整　(D) 提供读者长期使用

224. BD001　联合国教科文组织在（　）通过了保护文化财富公约。
(A) 华盛顿　(B) 伦敦　(C) 海牙　(D) 东京

225. BD001　书库的温湿度应该控制在（　）为宜。
(A) 14～18℃　(B) 16～18℃　(C) 14～16℃　(D) 16℃

226. BD001　据美国国会图书馆报告，该馆收藏的1900—1940年出版的文学书到2000年将有（　）不能借阅。
(A) 95%　(B) 96%　(C) 97%　(D) 98%

227. BD002　藏书清点过程中，为了不影响流通工作的正常进行，可采取（　）方法，分期分批进行。
(A) 分库、分类　(B) 分区、分类
(C) 分区、分类、分库、分架　(D) 分区、分类、分库

228. BD002　中外文对照辞典归入（　）类。
(A) 中文　(B) 外文　(C) 中外文　(D) 辞典

229. BD002　对每一册图书做一张检查卡，著录主要款目，按登录顺序排列，将检查卡与图书登记簿核对的图书清点方法是（　）清点法。
(A) 藏书检查　(B) 藏书检查卡
(C) 图书登记簿　(D) 藏书排架目录

230. BD002　利用图书馆财产登记簿，直接核对书架上的藏书，然后再用图书登记簿核对分类目录的图书清点方式是（　）清点法。
(A) 图书登记簿　(B) 图书登记
(C) 藏书排架目录　(D) 藏书检查卡

231. BD003　按藏书的外部特征顺序排检藏书的方法是（　）排架法。
(A) 专题　(B) 特征　(C) 形式　(D) 书形

232. BD003　按藏书内容所属学科体系排列的方法是（　）排架法。
(A) 分类　(B) 类别　(C) 顺序　(D) 类分

233. BD003　藏书的排架方法主要有（　）排架法。
(A) 类分、形式　(B) 类目、形式
(C) 分类、表形　(D) 分类、形式

234. BD004　藏书布局，藏书在50万册以上的图书馆可以采用（　）布局模式，以充分发挥分层管理的不同利用率。
(A) 混合　(B) 水平　(C) 现代　(D) 垂直

235. BD004 藏书布局中,藏书在 10 万~50 万册的图书馆可采用（ ）布局模式。
(A) 混合 (B) 水平 (C) 现代 (D) 垂直

236. BD004 藏书布局中,将书库、阅览室安排在同一层次上的是（ ）布局模式。
(A) 垂直 (B) 水平 (C) 混合 (D) 普通

237. BD004 藏书布局中,将书库和阅览室分开,不完全在同一平面上的是（ ）布局模式。
(A) 水平 (B) 混合 (C) 垂直 (D) 特殊

238. BD005 图书三线典藏制划分为三个不同层次,一线书库为（ ）书库。
(A) 开架 (B) 闭架 (C) 半开架 (D) 典藏

239. BD005 图书三线典藏制划分为三个不同层次,三线书库为（ ）书库。
(A) 开架 (B) 闭架 (C) 半开架 (D) 典藏

240. BD005 三线典藏制中,藏书的（ ）是划分三个层次的依据。
(A) 新旧程度 (B) 借阅率的高低
(C) 难易程度 (D) 利用率的高低

241. BD005 三线典藏制将书刊分为三个不同层次,二级书库为（ ）书库。
(A) 闭架 (B) 典藏 (C) 闭架或半开架 (D) 半开架

242. BD006 既是图书馆事业发展的整体性需要,也是图书资源的保存和共享的要求指的是（ ）原则。
(A) 合理性 (B) 系统性 (C) 分工协作 (D) 目的性

243. BD006 图书馆藏书采集工作的原则不包括（ ）原则。
(A) 目的性 (B) 分工协作 (C) 合理性 (D) 系统性

244. BD006 处理好重点藏书与一般藏书的关系,属于藏书采集工作的（ ）原则。
(A) 系统性 (B) 目的性 (C) 分工协作 (D) 经济性

245. BD006 根据本馆服务对象的实际需要收藏图书,是（ ）原则应考虑的因素之一。
(A) 分工协作 (B) 合理性 (C) 系统性 (D) 目的性

246. BD007 藏书补充工作流程的阶段不包括是（ ）阶段。
(A) 选书 (B) 订购 (C) 征集 (D) 验收

247. BD007 藏书补充工作流程的第三个阶段是（ ）阶段。
(A) 选书 (B) 验收 (C) 征集 (D) 订购

248. BD007 藏书补充工作流程的第一个阶段是（ ）阶段。
(A) 选书 (B) 订购 (C) 验收 (D) 征集

249. BD007 选书阶段是藏书补充工作流程的（ ）个阶段。
(A) 第一 (B) 第二 (C) 第三 (D) 第四

250. BD008 根据征订目录选择各自图书馆所需的书刊资料是（ ）。
(A) 征集 (B) 预订 (C) 订阅 (D) 补充

251. BD008 不属于图书馆藏书补充方式的是（ ）。
(A) 赠送 (B) 选调 (C) 征集 (D) 交换

252. BD008 不属于图书馆藏书补充方式的是（ ）。
(A) 直接选购 (B) 邮购 (C) 复制 (D) 转让

253. BD009 剔除的图书是否要保留一定的品种由（ ）决定。
(A) 图书的类型 (B) 图书馆的类型和任务
(C) 图书的形式 (D) 图书馆的需求

254. BD009 《图书馆学要旨》是1934年（ ）发表的。
(A) 陶述 (B) 杜定友 (C) 刘国钧 (D) 谢拉

255. BD009 藏书剔除工作中不需要做的步骤是（ ）。
(A) 确定人员、建立藏书剔除小组 (B) 确定藏书剔除的标准和范围
(C) 组织人员对图书进行分类筛选 (D) 明确藏书剔除方法

256. BD010 基本书库又称（ ）书库。
(A) 流通 (B) 总 (C) 主 (D) 特藏

257. BD010 图书馆藏书的划分主要形式是基本藏书、辅助藏书和（ ）。
(A) 专门藏书 (B) 扩充藏书 (C) 特殊书库 (D) 专有藏书

258. BD010 基本藏书、（ ）藏书、专门藏书是图书馆藏书的划分主要形式。
(A) 综合 (B) 辅助 (C) 文化 (D) 科技

259. BD011 不属于省级图书馆藏书建设特点的是（ ）。
(A) 综合性 (B) 专业性 (C) 地方性 (D) 科学性

260. BD011 不属于省级图书馆藏书范围的是（ ）。
(A) 马列主义经典著作 (B) 国家政府指导性文件
(C) 教学参考书 (D) 地方文献

261. BD011 省级图书馆藏书建设范围中设定为特藏部分的是（ ），应尽全收集。
(A) 马列主义经典著作 (B) 学科书刊
(C) 地方文献、出版物 (D) 参考检索文献

262. BD011 地方文献、出版物在省级图书馆藏书建设范围中设定为（ ）部分，应尽全收集。
(A) 藏书 (B) 特藏 (C) 图书 (D) 资料

263. BD012 《高考复习精编物理》应入（ ）类。
(A) G (B) O (C) B (D) K

264. BD012 不属于高等院校图书馆藏书建设特点的是（ ）。
(A) 教育性 (B) 学术性 (C) 专业性 (D) 地方性

265. BD012 地方性不属于高等院校图书馆藏书（ ）特点。
(A) 基本 (B) 主要 (C) 建设 (D) 范围

266. BE001 现行书目的职能是报道（ ）的文献。
(A) 近代 (B) 现代 (C) 新出版 (D) 即将出版

267. BE001 每一种书目都以其特定的编制方法和手段，来实现其揭示和报道文献信息的社会（ ）。
(A) 能力 (B) 职能 (C) 贡献 (D) 作用

268. BE001 不属于按照书目所著录的文献类型的特征来区分的一项是（ ）。
(A) 期刊目录 (B) 丛书目录 (C) 古籍目录 (D) 专题书目

269. BE002 由汉代班固编的《汉书·艺文志》是世界上最早的（ ）。
(A) 图书 (B) 图书目录 (C) 目录 (D) 书籍

270. BE002 《全国新书目》从（ ）年2月开始，由出版总署图书期刊司按征集的图书样本编制。
(A) 1949 (B) 1950 (C) 1951 (D) 1952

271. BE002　法国的《法国和世界法语出版物总书目》是（　）年以周刊形式出版的总书目。
(A) 1969　(B) 1970　(C) 1971　(D) 1972

272. BE002　在收录文献的完整性方面最优秀的当属（　）。
(A) 苏联《国书年鉴》　(B) 中国《中国国家书目》
(C) 美国《累积图书目录》　(D) 英国《英国国家书目》

273. BE003　联合目录是以反映图书文献的收藏（　）为特征的。
(A) 处所　(B) 范围　(C) 专题　(D) 编制目的

274. BE003　联合目录是开展书目（　）必不可少的工具。
(A) 信息交流　(B) 馆际互借　(C) 情报工作　(D) 文献报道

275. BE003　全国联合目录工作会议于（　）年召开。
(A) 1979　(B) 1980　(C) 1981　(D) 1982

276. BE003　以反映（　）的收藏处所为特征的目录是联合目录。
(A) 报刊资料　(B) 图书编号　(C) 图书分类　(D) 图书文献

277. BE004　专题书目主要是供科研工作者使用的,它的选题应当针对科研、教学、生产的具体问题,结合本单位图书资料的（　）情况确定。
(A) 收藏　(B) 使用　(C) 服务　(D) 利用

278. BE004　专题文献目录针对自然科学技术学科,其累积年限不应过长,一般是（　）年间的文献。
(A) 5~8　(B) 5~10　(C) 6~8　(D) 6~10

279. BE004　专题书目是为特定的（　）对象全面系统地揭示与报道关于某一特定学科,或某一专门问题而编制的书目。
(A) 服务　(B) 科研　(C) 读者　(D) 专题

280. BE005　以推荐图书指导阅读为宗旨的书目是（　）书目。
(A) 选择　(B) 推荐　(C) 文献　(D) 著述

281. BE005　推荐书目是以推荐图书（　）阅读为宗旨的书目。
(A) 督促　(B) 指导　(C) 引导　(D) 促进

282. BE005　推荐书目所收录的图书数量一般不多,编排方法也较（　）。
(A) 繁琐　(B) 复杂　(C) 简单　(D) 方便

283. BE006　地方文献书目是为揭示有关某（　）的自然和社会各方面的文献信息而编的书目。
(A) 省　(B) 市　(C) 县　(D) 地区

284. BE006　地方文献书目在著录文献,编排文献方面具有（　）性。
(A) 单纯　(B) 复杂　(C) 多样　(D) 特殊

285. BE006　地方文献书目在收录文献上具有（　）性,此“性”是以一个地区范围为前提的。
(A) 针对　(B) 广泛　(C) 特殊　(D) 典型

286. BE006　为揭示有关某地区的自然和社会各方面的文献信息而编的书目是（　）书目。
(A) 市级文献　(B) 地方文献　(C) 省级文献　(D) 国家文献

287. BE007　个人著述书目是为揭示与报道（　）人物,包括作家、学者、科学家的全部著作及其有关文献信息而编的书目。

(A) 特殊 (B) 特定 (C) 知名 (D) 杰出

288. BE007 个人著述编年书目体例特点主要是按（ ）顺序排列资料。

(A) 时间 (B) 主题 (C) 分类 (D) 重要程度

289. BE007 个人著述研究书目既要求全面系统、准确地反映特定人物的全部著述,还应包括有关（ ）及其研究资料。

(A) 研究原因 (B) 研究经过 (C) 生平事迹 (D) 生活状况

290. BE008 《新华文摘总目录》是（ ）。

(A) 二次文献 (B) 一次文献 (C) 三次文献 (D) 零次文献

291. BE008 属于二次文献的是（ ）。

(A)《全国科技图书馆总览》 (B)《有机化学》

(D)《天才的故事》 (D)《红楼梦》

292. BE008 《分析化学文摘》是（ ）。

(A) 一次文献 (B) 二次文献 (C) 三次文献 (D) 零次文献

293. BE008 《全国科技图书馆总览》属于（ ）文献。

(A) 一次 (B) 二次 (C) 三次 (D) 零次

294. BE009 推荐书目具有选择性、引导性和（ ）。

(A) 针对性 (B) 教育性 (C) 评介性 (D) 广泛性

295. BE009 正确地选择推荐书目的（ ）,是进行书目编制的重要步骤。

(A) 主题 (B) 著者 (C) 出版者 (D) 读者

296. BE009 推荐书目中可选入的图书必须符合（ ）的水平和需要。

(A) 图书馆 (B) 读者对象 (C) 编制者 (D) 专家

297. BE010 文摘,也称（ ）。

(A) 摘要 (B) 题录 (C) 报道 (D) 索引

298. BE010 编写文摘要忠实于原作,尽量摘录原作的（ ）。

(A) 文字 (B) 语言 (C) 符号 (D) 数字

299. BE010 可以看作原著缩写的是（ ）。

(A) 题录式文摘 (B) 指示性文摘

(C) 报道性文摘 (D) 题解式文摘

300. BE010 报道性文摘可以看作（ ）的缩写。

(A) 人名 (B) 主题 (C) 原著 (D) 地名

301. BE011 索引是将书刊中的篇目、语词、主题、人名、地名、事件及其他事物名称,按照一定的方式编排,并指明（ ）的一种检索工具。

(A) 出处 (B) 来源 (C) 作者 (D) 时间

302. BE011 以篇目为著录和检索单位而编成的索引是（ ）。

(A) 语词索引 (B) 篇目索引 (C) 主题索引 (D) 著者索引

303. BE011 主题索引是把出版物内容及的各方面内容以（ ）标引出来,指明其在出版物内的位置的索引。

(A) 关键词 (B) 自然词 (C) 叙词 (D) 主题词

304. BF001 报道服务主要适用于（ ）单位的读者。

(A) 生产 (B) 科研 (C) 教学 (D) 生产、科研、教学

305. BF001 译报类、研究类出版物均属（ ）次文献。

（A）一 （B）二 （C）三 （D）四

306. BF001 全国科技情报编译出版委员会把文摘刊物分为（ ）类。

（A）一 （B）二 （C）三 （D）四

307. BF002 图书情报部门的编译服务，当前仍以（ ）翻译为主。

（A）手工 （B）电脑 （C）机器 （D）人机对译

308. BF002 运用计算机进行编译服务工作目前正处于（ ）阶段。

（A）研究 （B）发展 （C）正常运行 （D）研究试验

309. BF002 编译文献比直译文献（ ）更大。

（A）随意性 （B）难度 （C）条理性 （D）专业性

310. BF003 文献检索的（ ）在文献检索服务中十分重要。

（A）过程与方法 （B）途径与方法

（C）过程与途径 （D）方法与程序

311. BF003 我国开展计算机检索的研究始于（ ）年代中期。

（A）50 （B）60 （C）70 （D）80

312. BF003 文献检索服务主要针对的是（ ）次文献。

（A）一 （B）二 （C）三 （D）四

313. BF003 检索服务的实质是文献资料（ ）服务。

（A）供给 （B）整理 （C）查找 （D）查对

314. BF004 情报调研要求调研成果具有很大的情报（ ）价值。

（A）研究 （B）实用 （C）使用 （D）参考

315. BF004 情报调研要求情报调研人员具有很高的（ ）水平。

（A）业务知识 （B）政策研究 （C）思想政治 （D）应变能力

316. BF004 情报调研是一项学术性、专业性、政策性很强的情报（ ）工作。

（A）调查 （B）研究 （C）服务 （D）收集

317. BF005 视听服务是图书馆的一种（ ）的服务方式和教育手段，也是图书馆现代化的标志之一。

（A）科学 （B）先进 （C）新型 （D）特殊

318. BF005 视听资料是通过像频和声频的手段，经过特殊的技术加工而成的（ ）的资料。

（A）形象化 （B）高度科学 （C）声形逼真 （D）高度浓缩化

319. BF005 视听资料大体可分为（ ）资料。

（A）视觉 （B）听觉、视觉

（C）听觉、视觉、视听综合 （D）听觉、视觉、视听综合、影视科教

320. BF006 复制服务是图书馆中外借、阅览服务的（ ）。

（A）继续 （B）延伸 （C）发展 （D）飞跃

321. BF006 复制服务中比较好的复制法是（ ）复制法。

（A）光电感应 （B）磁感应 （C）压力感应 （D）热辐射感应

322. BF006 目前，静电复印已是图书馆对外服务（ ）的一种手段。

（A）收费 （B）洽谈 （C）创收 （D）传递信息

323. BF006 图书馆中外借、阅览服务的延伸是（　）。
(A) 情报服务　(B) 编目　(C) 复制服务　(D) 典藏

324. BF007 图书馆中组织各项服务活动内容不包括（　）。
(A) 开展外借　(B) 定题服务
(C) 掌握读者动态　(D) 情报服务

325. BF007 图书馆中组织与研究读者内容不包括（　）。
(A) 制定读者发展规划　(B) 情报服务
(C) 划分读者类型　(D) 掌握读者动态

326. BF007 图书馆中组织各项服务活动要针对（　）的实际需要,利用藏书、目录、设备及环境条件,有区分地开展各项服务活动。
(A) 社会　(B) 研究　(C) 工作　(D) 读者

327. BF008 充分服务的原则就是最大（　）地满足读者对图书馆的一切合理要求。
(A) 程度　(B) 限度　(C) 范围　(D) 力度

328. BF008 区别服务的原则就是有（　）性地满足各个层次读者的不同需要。
(A) 针对　(B) 区别　(C) 特指　(D) 固定

329. BF008 科学服务的原则是（　）的基本要求。
(A) 服务工作　(B) 科技普及　(C) 科学管理　(D) 图书借阅

330. BF009 图书馆中,主要负责文献的分类、著录和加工整理的部门是（　）部门。
(A) 编目　(B) 阅览　(C) 流通　(D) 典藏

331. BF009 图书馆工作中揭示文献内涵,提供文献检索点的文献整序部门是（　）部门。
(A) 典藏　(B) 编目　(C) 技术服务　(D) 阅览

332. BF009 图书馆工作中的核心部门是（　）部门。
(A) 典藏　(B) 阅览　(C) 编目　(D) 行政

333. BF009 编目部门是图书馆工作中的（　）部门。
(A) 藏书　(B) 编目　(C) 核心　(D) 文献

334. BF010 一个读者既外借又内阅,计算为（　）。
(A) 一人次　(B) 二人次　(C) 不计算人次　(D) 多人次

335. BF010 图书馆中,指导读者（　）工作的部门是阅览部门。
(A) 外借　(B) 阅读　(C) 编目　(D) 咨询

336. BF010 图书馆中,负责文献的排架、上架和下架活动,指导读者阅读工作的部门是（　）部门。
(A) 编目　(B) 阅览　(C) 流通　(D) 典藏

337. BF011 读者统计分析是对图书馆读者工作实行（　）的主要途径和手段。
(A) 关心读者　(B) 指导　(C) 计量化管理　(D) 处罚

338. BF011 图书馆读者统计有其特定的目的,它是为了把图书馆的（　）结合起来,提供所需的文献资料。
(A) 藏书与读者　(B) 资料　(C) 信息　(D) 制度与管理

339. BF011 读者到馆率计算方法是,读者到馆率 = 全年到馆读者数(人次)/（　）×100%。
(A) 工作人员　(B) 读者总数
(C) 借出图书总数　(D) 藏书总数

340. BF012　读者心理学研究的首要任务是提示读者工作过程中的（　）规律。
(A) 工作　(B) 生活　(C) 心理活动　(D) 读者学习

341. BF012　研究读者心理学的作用，首先在于（　）。
(A) 研究和掌握读者心理特征　(B) 管理读者
(C) 管理工作人员　(D) 读者学习

342. BF012　读者心理学可分为（　）心理学和社会读者心理学。
(A) 图书馆读者　(B) 工作人员
(C) 一般人员　(D) 普通大众

343. BF012　读者心理学是研究在（　）这个特定环境中，读者阅读过程的心理现象及其规律的科学。
(A) 学校　(B) 图书馆　(C) 科研单位　(D) 家庭

344. BF013　读者教育，即图书馆和其他文献信息机构开展的培养、提高读者利用（　）的教育。
(A) 图书馆　(B) 工具书
(C) 文献信息能力　(D) 藏书

345. BF013　读者教育是一种（　）、多层次的教育体系。
(A) 连续的　(B) 多样的　(C) 多种的　(D) 间断的

346. BF013　图书馆开发利用文献资源和实现其教育职能而开展的一项重要工作是（　）。
(A) 学习　(B) 读者教育　(C) 学生　(D) 查新

347. BF013　一种连续的、（　）的教育体系是读者教育。
(A) 多级别　(B) 多层次　(C) 多种类　(D) 多系列

二、判断题（对的画"√"，错的画"×"）

(　) 1. AA001　文献的传递职能也叫汇报职能。

(　) 2. AA001　没有有序职能，图书馆就失去了存在的价值。

(　) 3. AA001　图书馆具有收藏典籍和传播知识的两个基本职能。

(　) 4. AA002　图书馆诸要素的结合和相互作用，构成了图书馆这个不断发展的整体。

(　) 5. AA002　图书馆各个要素之间既不相互影响、相互作用又不相互依存。

(　) 6. AA003　所有的图书馆，都要为一定的社会人员服务。

(　) 7. AA003　读者在对一间图书馆的历史、藏书范围、性质类属、规章制度有所了解、有所认识的基础上，熟悉图书馆采用的图书分类法，目录的种类，再进一步掌握各种检索工具书的使用方法，就犹如发现了一座知识宝库并拿到了打开它的钥匙。

(　) 8. AA003　图书馆有责任使它的每一本书都得到充分有效地利用，但每一种书都应有它的特定读者群。

(　) 9. AA004　省级图书馆的藏书具有综合性和全国性的特点。

(　) 10. AA004　高等学校图书馆是为教学和科研服务的学术性机构。

(　) 11. AA004　在时间上，不同类型的图书馆是逐步产生和发展起来的，当它们发展到一定数量时，为了管理、交流和合作的方便，就需要对它们进行分类研究，这种分类也称图书馆类型划分。

(　) 12. AA005　国家图书馆是全国的书目中心。

( ) 13. AA005 呈缴本制度1573年起源于英国。

( ) 14. AA005 国家图书馆是按照法律或其他安排,负责搜集和保管国内出版的所有重要出版物的副本,并且起储藏图书作用的图书馆。

( ) 15. AA006 图书馆目录是根据图书馆的任务和读者的需要,按照一定的科学方法组织而成的一种检索工具。

( ) 16. AA006 书名目录是按照图书文献的主题词字顺组织起来的目录。

( ) 17. AA007 图书馆事业必须与教育科学文化事业同步发展。

( ) 18. AA007 图书馆事业的发展不受经济基础的制约。

( ) 19. AA008 我国县以上的公共图书馆、学校图书馆、科学院图书馆等,都是由国家纳入教科文事业建设规划的。

( ) 20. AA008 实现资源共享不是图书馆的建设原则。

( ) 21. AA008 图书馆事业是一种文化现象,图书馆事业建设不能不受社会制度、社会结构和经济发展水平的制约。

( ) 22. AA009 图书馆设置率是衡量图书馆事业发展水平的标准之一。

( ) 23. AA009 我国已制定一部具有法律效力的图书馆法。

( ) 24. AA010 为数众多的各种类型的图书馆,是组建图书馆协作网的基础。

( ) 25. AA010 建立图书馆协作网无助于图书馆藏书专业化。

( ) 26. AA010 图书馆网是一个国家图书馆事业的发展方向,也是图书馆现代化的一个标志。

( ) 27. AB001 信息就是消息、音信、信号所包含的内容。

( ) 28. AB001 信息具有不可浓缩性。

( ) 29. AB001 所谓信息,最一般地理解,就是事物运动的状态与方式。

( ) 30. AB002 知识可以存在于人脑的记忆之中,也可以存储于物质载体之上。

( ) 31. AB002 科学技术知识不是一种生产力。

( ) 32. AB002 人类知识的宝库是图书馆。

( ) 33. AB003 图书文献使用的文种和载体日益多样化。

( ) 34. AB003 记录信息知识的图书文献,其有效价值的使用时间日益增长。

( ) 35. AB003 在所有文献中,科技文献的增长速度更惊人。

( ) 36. AB004 图书文献是联结相关行业及学科的纽带。

( ) 37. AB004 图书文献不是一种工艺产品。

( ) 38. AB005 图书文献是人们的精神食粮。

( ) 39. AB005 图书文献不是评价人们科研成果及学术地位的依据。

( ) 40. AB005 人类社会越向前发展,图书文献便会越丰富。

( ) 41. AB006 闭架方式有利于馆藏文献的保护。

( ) 42. AB006 闭架的优越性远远大于开架,因而成为目前被各图书馆所广泛采用的一种借阅方式。

( ) 43. AB006 闭架方式是读者只能看到排列在书架上的书刊的脊背。

( ) 44. AB007 《全国报刊索引》的前身是《全国主要报刊资料索引》。

( ) 45. AB007 英国德涅特公司出版的专利检索工具有《世界专利索引》和《中央专利索引》。

( ) 46. AB007 文献检索工具通常由主体、辅助索引、使用说明、附录组成。
( ) 47. AB008 文摘是系统报道、积累和检索文献的主要工具。
( ) 48. AB008 索引是以一个单位出版物为著录对象的,而目录是每部文献内部的知识单元,能指出图书中原始文献、词条、章节在文献中的位置。
( ) 49. AB008 《墨子》的书可以在《十三经索引》中查到。
( ) 50. AB009 文献形式的发展和演变是交叉进行的,经历了四个阶段。
( ) 51. AB009 文献形式的发展过程中,印刷阶段的文献主要形式是套印、雕版印刷、活字印刷。
( ) 52. AB010 文献构成要素中,不同载体使用的信息符号相同。
( ) 53. AB010 图书的平装、精装、线装体现的都是文献构成要素中的载体所具有的形态。
( ) 54. AC001 计算机系统由硬件系统和多媒体系统组成。
( ) 55. AC001 现在的计算机都将控制器和运算器集成在一块电路芯片上,称为"中央处理器"。
( ) 56. AC002 软盘、磁带都属于外设。
( ) 57. AC002 凡是能够附在计算机上,能与计算机相互传送信息的装置都称为硬件。
( ) 58. AC002 硬件系统由主机和外设组成。
( ) 59. AC003 激光打印机是一种高速度、高精度、低噪音的击打式打印机。
( ) 60. AC003 常用输出设备有显示器、打印机、自动绘图仪等。
( ) 61. AC004 二进制只有 1 和 2 两个数码,逢二进一。
( ) 62. AC004 性能良好的计算机系统硬件能否发挥其应有的作用,取决于系统软件是否良好。
( ) 63. AC004 数据文件也称数据或文档,不属于计算机软件。
( ) 64. AC005 辅助设计软件,过程控制软件,语言解释程序都属于应用软件。
( ) 65. AC005 高级语言不属于系统软件。
( ) 66. AC005 汉字操作系统 CCDOS 属于系统软件。
( ) 67. BA001 图书分类法是将各类图书分门别类地组成体系的方法。
( ) 68. BA001 图书分类法中,体系分类法以杜威十进分类法为代表。
( ) 69. BA001 体系分类法以《冒号分类法》为代表。
( ) 70. BA002 字母、标点号码是图书分类法采用的标记符号。
( ) 71. BA002 采用两组或两组以上有固定的自然次序的标记符号系统称为混合号码。
( ) 72. BA003 顺序制仅反映类目的先后次序,不反映类目的等级关系。
( ) 73. BA003 层累顺序混合制,即号码一部分用顺序制,一部分用层累制的编号制度。
( ) 74. BA003 顺序制不能反映类目之间的系统关系,而层累制细分号码长度不变。
( ) 75. BA004 双位制是同位类目超过 9 时,号码编制用数 11,12,13,…,99 表示的方法。
( ) 76. BA004 当同位类目超过 17 个时,号码编制不从 1 开始,而用双位数 11,12,13,…,19 来表示的编号方法称为双位制。
( ) 77. BA005 当一本书分入最切合的类目的同时,应给出该书的分类号。
( ) 78. BA005 分类就是利用图书辨类的结果,确定图书应属的类目。
( ) 79. BA006 《中图法》助记符号"一"用作总论复分符号。
( ) 80. BA006 《中图法》助记符号"[ ]"用作国家区分号。

( ) 81. BA007 分类索书号由分类号、书次号和辅助区分号组成。

( ) 82. BA007 分类索书号中的分类号规定每一种图书在同类图书排列中的位置。

( ) 83. BA008 学科性质相同的图书,它们的分类号码相同。

( ) 84. BA008 分类索书号中的辅助区分号用"="或"-"表示卷册号。

( ) 85. BA009 《自然科学的发展与认识论》是N类。

( ) 86. BA009 《系统工程原理与应用》是Q类。

( ) 87. BA010 《数字逻辑与机器证明》是O类。

( ) 88. BA010 《原子物理》是R类。

( ) 89. BA011 《球面天文学》是P类。

( ) 90. BA011 《天气的可预报性》是R类。

( ) 91. BA012 《神经系统电生理学》是R类。

( ) 92. BA012 《生物信息学方法与实践》是Q811.4。

( ) 93. BA013 《衣食住行的卫生》是R类。

( ) 94. BA013 《基因组科学与人类疾病》是TS类。

( ) 95. BA014 《温室塑料棚环境管理》是S类。

( ) 96. BA014 《森林土壤·性质和作用》是P类。

( ) 97. BA015 《油气藏和油气井动态》是TE类。

( ) 98. BA015 《人工智能程序设计》是H类。

( ) 99. BA016 《交通运输》是O类。

( ) 100. BA016 《世界铁路之最》是U类。

( ) 101. BA017 《航空二百年》是U类。

( ) 102. BA017 《大显神威的空间科学》是V类。

( ) 103. BA018 《少年自然百科辞典》入Z类。

( ) 104. BA018 《大气污染及其防治》是X类。

( ) 105. BA019 《中国近代现代丛书目录(总目)》是K类。

( ) 106. BA019 《实用百科全书》是Z类。

( ) 107. BB001 文献的分类是按照文献内容的学科属性或其他特征把图书馆藏书分门别类并系统地组织起来的一种手段。

( ) 108. BB001 辨类是文献分类工作中的第一个步骤,查重是第二个步骤。

( ) 109. BB001 一种文献能占有两个书次号。

( ) 110. BB002 文献的著录是按统一的著录条例进行的,这些著录条例是图书馆编目的准绳。

( ) 111. BB002 类分文献和编制主题在编目过程中是毫无关系的。

( ) 112. BB002 文献编目是图书馆一项十分重要的内部业务工作。

( ) 113. BB003 图书馆目录种类按出版物类型划分为图书目录、期刊目录、报纸目录、微缩目录。

( ) 114. BB003 图书馆目录按文献不同特征分为类别目录、书名目录、责任者目录、主题目录。

( ) 115. BB004 款目通过它的著录内容决定自己在目录中的位置。

( ) 116. BB004 没有款目就没有目录,没有著录便没有款目。

( ) 117. BB004 款目是组成目录的单位。
( ) 118. BB005 文献载体代码表中，录音制品简称“音”，双字码为“LY”，单字码为“A”。
( ) 119. BB005 文献载体代码表中印刷本简称“印”，双字码为“YS”，单字码为“Y”。
( ) 120. BB005 文献类型标识符使用时，当文献类型与文献载体发生交叉时，以标识文献载体为主。
( ) 121. BB006 文献转换原则是要求不同单位、不同情报源的文献著录可以互换。
( ) 122. BB006 文献转换原则要求制定文献著录标准时要有助于一般记录转换成机读目录。
( ) 123. BB006 文献著录标准化原则是文献著录互换原则、文献识别原则和文献转换原则。
( ) 124. BB007 责任者名称前后载有出身、籍贯、职务等文字均要著录。
( ) 125. BB007 责任者著录中，合著者为三人或三人以上时只著录位于最前面的一位责任者。
( ) 126. BB008 责任方式中的主编用于著作编辑或编著工作的主持人。
( ) 127. BB008 原作基础上再创作称为“节编”。
( ) 128. BB009 读者统计是对借书证和借阅的图书的数量的统计。
( ) 129. BB009 藏书统计要进行综合统计和分类统计。
( ) 130. BB010 国际标准刊号是 ISBN。
( ) 131. BB010 1961 年 10 月在巴黎召开的国际编目原则会议，50 多个国家和地区代表就著录项目和标目的选择达成了协议，这就是巴黎原则。
( ) 132. BB010 ISBD(×)表示《国际标准书目著录(连续出版物)》，1977 年出版。
( ) 133. BC001 按不同文种分，有中文期刊目录、西文期刊目录、俄文期刊目录、日文期刊目录。
( ) 134. BC001 期刊的馆藏目录不是财产目录。
( ) 135. BC002 西文期刊刊名字顺目录的编制方法一般是拉丁字母从 A 到 Z 的顺序排列。
( ) 136. BC002 中文期刊刊名字顺目录的编制方法，首先是按汉语拼音方案音序排列。
( ) 137. BC003 《中华人民共和国国家标准连续出版物著录规则》中的版本项不包括版本说明。
( ) 138. BC003 “馆藏项”不在《中华人民共和国国家标准连续出版物著录规则》之列。
( ) 139. BC004 版本责任者著录在版本说明之后，其前用斜线“/”标识。
( ) 140. BC004 “:”是第一责任者的标识。
( ) 141. BC005 期刊中语种、专业不对口，很少有人参阅的刊物也可以剔除。
( ) 142. BC005 凡属早期出版的期刊为减少空间紧张情况可列入剔除计划。
( ) 143. BC006 期刊排架是期刊管理工作中的一项重要工作，它直接影响读者阅读效果。
( ) 144. BC006 过期期刊的排架方式的主要根据是要考虑取刊的速度和书架空间的利用。
( ) 145. BC007 制定管理制度一般是指图书馆要求阅览室工作人员遵守的规章制度。
( ) 146. BC007 闭架式阅览形式目前在图书馆已很普遍。
( ) 147. BC008 馆际互借也以过刊期刊为宜。
( ) 148. BC008 期刊现刊，如读者有特殊需要，可以外借。

(　) 149. BC009　期刊索引按编排方法可分为字顺索引、号码索引、关键词索引、引文索引或主题索引。

(　) 150. BC009　期刊索引是将期刊中的各种事物名称摘录下来,按照一定的顺序编排并在每一条下面注明其出处、页数的一种期刊检索工具。

(　) 151. BC010　指示性期刊文摘的特点是向读者指示出原文的主题范围与写作目的和方法等。

(　) 152. BC010　编写期刊文摘中,简称、缩略语以及专业术语等均可以不保持原文形式。

(　) 153. BD001　书库的温度不宜过高,以低温为宜。

(　) 154. BD001　传统的图书装订修补方法只有两种即粘接法、裱糊法。

(　) 155. BD002　藏书清点是图书馆藏书管理工作中的一个重要环节,是一项经常性的工作。

(　) 156. BD002　藏书清点工作简单,不需要有组织、有计划地进行。

(　) 157. BD003　形式排架法适用于开架书库。

(　) 158. BD003　形式排架法不能将同类书与复本书集中在一起。

(　) 159. BD003　图书形式排架优点为排架简单节省时间、便于清点。

(　) 160. BD004　藏书布局中,混合布局模式是将水平布局和垂直布局两者结合起来进行统一合理的安排。

(　) 161. BD004　一般来讲,藏书在 10 万册以下的图书馆采用水平布局模式较为理想。

(　) 162. BD004　藏书布局中垂直布局模式的好处是书库与阅览室连接在一起,工作人员取书方便,节省读者等候时间。

(　) 163. BD005　图书三线典藏制中,图书的借阅率的高低是划分三个层次的依据。

(　) 164. BD005　图书三线典藏制中,一线书库所藏之书为利用率最高的图书。

(　) 165. BD006　藏书采集工作中的系统性原则主要是指重点藏书要全面系统,一般藏书只要求具有广泛性和适用性即可。

(　) 166. BD006　藏书采集工作的原则要求各种图书馆必须统一标准进行藏书采集工作。

(　) 167. BD007　藏书补充工作流程的第二个阶段是订购阶段。

(　) 168. BD007　藏书补充工作流程为选书阶段、征集阶段、验收阶段。

(　) 169. BD008　直接选购是图书馆补充藏书的主要方式。

(　) 170. BD008　征集是图书馆情报单位之间以及图书馆和出版单位、学术团体等单位之间进行交换、互通有无的一种藏书补充方式。

(　) 171. BD008　调拨也是一种节约经费、互通有无、补充藏书的一种方式。

(　) 172. BD009　确定藏书剔除的标准和范围,要从本馆的实际情况出发,在调查了解情况的基础上进行。

(　) 173. BD009　确定藏书剔除的标准和范围不必进行调查研究。

(　) 174. BD010　图书馆藏书以专门藏书为核心。

(　) 175. BD010　专门书库一般是指图书馆的阅览室、外借处或分馆和流动车等部门所设的书库。

(　) 176. BD010　辅助书库又称流通书库。

(　) 177. BD011　省级图书馆有保存文化遗产的职能。

( ) 178. BD011 省级图书馆不需要收集地区内的各种正式出版物和有关本地区的地方文献。
( ) 179. BD012 高校图书馆藏书建设应以学科专业设置为中心,围绕有关教学和科研任务来收集藏书。
( ) 180. BD012 高等院校图书馆藏书建设的特点是具有教育性。
( ) 181. BE001 个人著述书目与综合书目不属于一个内容范围。
( ) 182. BE001 按照文献的出版时间与书目编制时间的关系可分为现行书目、回溯书目、预告书目等。
( ) 183. BE002 《中国国家书目》是中国惟一的国家书目。
( ) 184. BE002 日本的《纳本周报》和《全日本出版物总目录》是国家书目。
( ) 185. BE003 通过联合目录的编制,可以了解我国图书馆藏书分布状况,为编制回溯性国家书目奠定基础。
( ) 186. BE003 联合目录即馆藏目录。
( ) 187. BE004 文献通报目录也叫《××资料快报》。
( ) 188. BE004 专题书目根据题目的大小与读者对象,在规模上有较相对的稳定性。
( ) 189. BE004 专题书目编制的步骤有选题、收集文献、编排文献、编制辅助索引、编写序言和说明性文字。
( ) 190. BE005 推荐书目是书目类型中最活跃、最有生气的一种书目。
( ) 191. BE005 推荐书目不等于选读书目。
( ) 192. BE006 地方志书目即地方文献目录。
( ) 193. BE006 地志书目即地方志目录。
( ) 194. BE007 个人著述书目,国外多称传记书目,苏联又称之为个人书目。
( ) 195. BE007 个人著作编年书目国外多称传记书目。
( ) 196. BE008 《毛泽东著作主题索引》是三次文献。
( ) 197. BE008 《生物学文摘》是二次文献。
( ) 198. BE008 二次文献是检索一次文献的工具。
( ) 199. BE009 推荐图书一般只收最新最好的图书。
( ) 200. BE009 推荐图书一般不附内容提要。
( ) 201. BE010 编写文摘时不能加进原著中没有的东西,也不要对原著加以评论。
( ) 202. BE010 文摘能代替原作。
( ) 203. BE011 主题索引的价值在于它比出版物正文排列的目次要详细和深入得多地揭示了它的内容。
( ) 204. BE011 报刊篇目索引的人名辅助索引只包括作者姓名。
( ) 205. BF001 译报类包括译丛、快报、消息等,并属于二次文献。
( ) 206. BF001 检索类包括题录、索引、简介、文摘等属于二次文献。
( ) 207. BF001 图书情报部门利用一次文献工具,向读者揭示通报文献信息的服务方法是广义的报道服务含义。
( ) 208. BF002 翻译体可按照原文直接翻译,译者可附加少量文外解释词语。
( ) 209. BF002 编译体即汇集若干同类外文著述,由译者按照一定的问题系统,用编译者的词语加以表述,成为一种经过加工整理的编译文著述。

( ) 210. BF003　目前计算机文献检索已经发展到了网络化联机检索阶段。

( ) 211. BF003　无论现在或将来,手工检索都是现代检索的基础。

( ) 212. BF004　情况调研服务提供的是一种创造性的再生情报资料,属于高级形式的文献加工服务。

( ) 213. BF004　情报调研服务提供给决策部门和人员研究参考的文献基本属于二次文献。

( ) 214. BF005　视听服务的特点就是给读者以“新、快、精、短、真”的内容和效果。

( ) 215. BF005　视听服务的方式一般不可分为集体阅览和个人阅览两种。

( ) 216. BF006　静电复印主要用于满足读者急需和情报传递方面。

( ) 217. BF006　目前,静电复印还没有成为图书馆的一项服务措施。

( ) 218. BF007　制定读者发展规划是组织与研究读者的主要内容。

( ) 219. BF007　组织各项服务活动的内容包括开展馆外阅览、复制、咨询、研究读者心理等。

( ) 220. BF008　充分服务的原则就是所有图书馆服务工作追求的共同目标。

( ) 221. BF008　区别服务的原则是图书馆读者服务的惟一政策。

( ) 222. BF009　编目部门的工作与读者检索文献的难易程度无关。

( ) 223. BF009　编目部门定期编制的新书通报无需送到读者手中。

( ) 224. BF009　编目部门的目录员有义务辅导读者进行书目查询。

( ) 225. BF010　“图书馆学五原则”充分体现了阮岗纳赞的“读者第一”的思想。

( ) 226. BF010　阅览部门馆员要认真做好到馆读者借阅工作。

( ) 227. BF011　图书馆统计分析不是图书馆统计学的一个组成部分,它是一种部门统计。

( ) 228. BF011　读者借阅情况的统计分析,主要是外借统计,也有综合统计和分类统计之别。

( ) 229. BF012　读者心理的研究方法是观察法、调查法、实验法、分析法、读者统计法。

( ) 230. BF012　读者心理学研究社会人员的心理和心理特征。

( ) 231. BF012　读者心理学与图书馆的读者学的研究对象是不同的。

( ) 232. BF013　读者教育主要内容之一是图书信息单位基本情况的教育。

( ) 233. BF013　个别辅导、群体参观不是读者教育的方式方法。

( ) 234. BF013　通过读者教育活动,不能使更多的潜在读者转化为现实读者。

三、简答题

1. AB008　《中图法索引》的结构形式?
2. AB008　文献检索的途径有哪些?
3. AC003　什么是激光打印机及其特点?
4. AC003　显示器的主要技术指标有哪些?
5. BA001　图书分类的基本原则是什么?
6. BA001　图书分类法的组成?
7. BA003　编号制度中顺序制的形式是什么?
8. BA003　什么叫编号制度?
9. BB009　怎样列统计调查的提纲?
10. BB009　什么是图书馆的统计?
11. BC006　期刊排架中,分类排架法的优点有哪些?

12. BC006　期刊主要有哪几种排架方法？
13. BC008　期刊外借有哪些形式？
14. BC008　如何提高期刊的利用率？
15. BD002　什么是图书馆藏书的清点？
16. BD002　藏书清点的方法有几种？
17. BD003　藏书的排架方法主要有哪些？
18. BD003　图书馆常用的分类排架法有哪两种类型？
19. BE001　按照书目的编制目的和社会职能将书目分为哪几种类型？
20. BE001　按照书目所著录的文献类型的特征来区分的书目有哪些？
21. BE004　写出专题文献目录的几种主要形式？
22. BE004　专题书目的编制步骤有哪几方面内容？
23. BE007　个人著述书目的特点。
24. BE007　什么是个人著述书目？
25. BF001　狭义报道服务的含义？
26. BF001　文献刊物的类型有哪些？并举例。
27. BF003　文献检索的主要方法是什么？
28. BF003　文献检索服务的含义是什么？
29. BF009　设置图书馆部门的依据有哪些？
30. BF009　编目部门主要负责的工作有哪些？

四、论述题

1. AA001　试述图书馆的职能有哪些？
2. AA001　试述图书馆文献传递职能主要表现在哪些方面？
3. AA002　试述图书馆构成要素的含义。
4. AA002　试述图书馆要素之间的相互关系。
5. AA010　试述建立和发展图书馆协作网的意义是什么？
6. AA010　试述图书馆协作网的活动内容有哪些？
7. AB001　试述信息的种类有哪些划分方法？
8. AB001　试述信息的功能有哪些？
9. AB006　试述文献的提供方式有哪些？
10. AB006　试述文献提供方式中开架方式的优点有哪些？
11. BA006　试述《中图法》辅助标记符号中，“·”符号的使用要求，并举例。
12. BA006　试述《中图法》标记符号的排列要求。
13. BB001　试述图书馆文献分类的作用是什么？
14. BB001　试述图书馆文献分类的基本步骤有哪些？
15. BB002　试述文献编目中款目的作用有哪些？
16. BB002　试述文献编目有哪些工作过程？
17. BB003　试述图书馆目录体系的作用是什么？
18. BB003　试述图书馆目录的基本类型。
19. BB006　试述文献著录标准化的原则是什么？
20. BB006　试述文献著录方法的类型。

21. BC002　试述馆藏目录的编制中，中文报刊字顺目录的编排方法是什么？
22. BC002　试述连续出版物联合目录的编制过程有哪些？
23. BD001　试述怎样防止来自自然方面对藏书的损坏？
24. BD001　试述怎样才能做到保护和管理好藏书？
25. BD005　试述藏书体系的三个组成部分？
26. BD005　试述什么是三线典藏制？
27. BD009　试述藏书剔旧范围包括哪些方面？
28. BD009　试述处理呆滞书的步骤有哪些？
29. BF013　试述读者教育主要有哪几方面的内容？
30. BF013　试述读者教育的作用。

理论知识试题答案

一、选择题

1. A　2. C　3. C　4. B　5. B　6. D　7. A　8. C　9. D　10. B　11. A
12. C　13. C　14. C　15. A　16. D　17. B　18. D　19. A　20. D　21. D　22. C
23. D　24. A　25. B　26. D　27. A　28. B　29. C　30. A　31. D　32. C　33. B
34. A　35. C　36. D　37. C　38. C　39. D　40. C　41. A　42. C　43. B　44. A
45. B　46. C　47. A　48. A　49. C　50. C　51. D　52. C　53. D　54. C　55. B
56. B　57. A　58. A　59. A　60. A　61. D　62. B　63. C　64. A　65. B　66. B
67. B　68. C　69. C　70. B　71. B　72. D　73. B　74. C　75. A　76. D　77. B
78. A　79. B　80. B　81. A　82. B　83. A　84. C　85. C　86. D　87. D　88. B
89. B　90. B　91. B　92. B　93. C　94. D　95. C　96. D　97. C　98. B　99. A
100. C　101. A　102. C　103. D　104. C　105. D　106. A　107. B　108. C　109. A　110. C
111. B　112. A　113. D　114. C　115. C　116. C　117. A　118. C　119. D　120. A　121. B
122. C　123. D　124. A　125. C　126. C　127. D　128. C　129. A　130. B　131. D　132. C
133. A　134. B　135. D　136. A　137. D　138. B　139. A　140. D　141. C　142. D　143. B
144. C　145. B　146. A　147. C　148. D　149. B　150. C　151. D　152. A　153. C　154. B
155. A　156. C　157. D　158. A　159. D　160. B　161. C　162. A　163. B　164. A　165. B
166. C　167. B　168. A　169. B　170. C　171. D　172. A　173. C　174. C　175. C　176. D
177. C　178. D　179. C　180. A　181. D　182. B　183. C　184. C　185. D　186. D　187. A
188. C　189. B　190. B　191. A　192. B　193. D　194. C　195. C　196. B　197. C　198. A
199. D　200. B　201. B　202. C　203. D　204. D　205. B　206. B　207. C　208. B　209. B
210. B　211. D　212. A　213. B　214. D　215. D　216. D　217. C　218. B　219. B　220. D
221. C　222. A　223. D　224. C　225. A　226. C　227. C　228. B　229. B　230. A　231. C
232. A　233. D　234. A　235. D　236. B　237. C　238. A　239. D　240. D　241. C　242. C
243. C　244. A　245. D　246. C　247. B　248. A　249. A　250. B　251. B　252. D　253. B
254. C　255. C　256. B　257. A　258. B　259. B　260. C　261. C　262. B　263. A　264. D
265. C　266. C　267. B　268. D　269. B　270. B　271. D　272. A　273. A　274. C　275. B
276. D　277. A　278. B　279. C　280. B　281. B　282. C　283. D　284. C　285. B　286. B
287. B　288. A　289. C　290. A　291. A　292. B　293. B　294. C　295. A　296. B　297. A
298. B　299. C　300. C　301. A　302. B　303. D　304. D　305. C　306. C　307. A　308. D
309. B　310. C　311. C　312. B　313. C　314. B　315. A　316. C　317. C　318. D　319. C
320. B　321. A　322. C　323. C　324. C　325. B　326. D　327. B　328. A　329. A　330. A
331. B　332. C　333. C　334. B　335. B　336. B　337. C　338. A　339. B　340. C　341. A
342. A　343. B　344. C　345. A　346. B　347. B

二、判断题

1. ×　文献的传递职能也叫情报职能。　2. √　3. √　4. √　5. ×　图书馆各个要素之间是相互影响、相互作用又相互依存。 6. × 所有的图书馆,都要为一定的读者服务。 7. √ 8. √ 9. × 省级图书馆的藏书具有综合性和地方性特点。 10. √ 11. √ 12. √ 13. × 呈缴本制度1573年起源于法国。 14. √ 15. √ 16. × 书名目录是按照图书文献的名称字顺组织起来的目录。 17. √ 18. × 图书馆事业的发展受经济基础的制约。 19. √ 20. × 实现资源共享是图书馆的建设原则。 21. √ 22. √ 23. × 我国尚未制定一部具有法律效力的图书馆法。 24. √ 25. × 建立图书馆协作网有助于图书馆藏书专业化。 26. √ 27. √ 28. × 信息具有可浓缩性。 29. √ 30. √ 31. × 科学技术知识是一种生产力。 32. √ 33. √ 34. × 记录信息知识的图书文献,其有效价值的使用时间日益缩短。 35. √ 36. √ 37. × 图书文献是一种工艺产品。38. √ 39. × 图书文献是评价人们科研成果及学术地位的依据。 40. √ 41. √ 42. × 开架的优越性远远大于闭架,因而成为目前被各图书馆所广泛采用的一种借阅方式。 43. × 半开架方式是读者只能看到排列在书架上的书刊的脊背。 44. √ 45. × 英国德涅特公司出版的专利检索工具有《世界专利索引》和《中心专利索引》。 46. √ 47. √ 48. × 目录是以一个单位出版物为著录对象的,而索引是每部文献内部的知识单元,能指出图书中原始文献、词条、章节在文献中的位置。 49. √ 50. × 文献形式的发展和演变是交叉进行的,经历了五个阶段。 51. √ 52. × 文献构成要素中,不同载体使用的信息符号不同。 53. √ 54. × 计算机系统由硬件系统和软件系统构成。 55. √ 56. √ 57. × 凡是能够附在计算机上,能与计算机相互传送信息的装置都称为外设。 58. √ 59. × 激光打印机是一种高速度、高精度、低噪音的非击打式打印机。 60. √ 61. × 二进制只有0和1两个数码,逢二进一。 62. √ 63. × 数据文件也称数据或文档,是一种特殊的计算机软件。 64. × 辅助设计软件、过程控制软件、语言解释程序属于系统软件。 65. × 高级语言属于系统软件。 66. √ 67. √ 68. √ 69. × 分面分类法以《冒号分类法》为代表。 70. × 单纯、混合号码是图书分类法采用的标记符号。 71. √ 72. √ 73. √ 74. × 顺序制不能反映类目之间的系统关系,而层累制越是细分,号码越长。 75. × 双位制是同位类目超过8个时,号码编制用11,12,13,…,99表示的方法。 76. √ 77. √ 78. × 归类就是利用图书辨类的结果,确定图书应属类目。 79. √ 80. × 《中图法》助记符号“( )”用作国家区分号。 81. √ 82. × 分类索书号中的书次号规定每种图书在同类图书中的排列位置。 83. √ 84. × 分类索书号中的辅助区分号用“=”或“·”表示卷册号。 85. √ 86. × 《系统工程原理与应用》是N94类。 87. √ 88. × 《原子物理》是O56类。 89. √ 90. × 《天气的可预报性》是P45类。 91. × 《神经系统电生理学》是Q42类。 92. √ 93. √ 94. × 《基因组科学与人类疾病》是R394类。 95. √ 96. × 《森林土壤·性质和作用》是S类。 97. √ 98. × 《人工智能程序设计》是TP319类。99. × 《交通运输》是U类。 100. √ 101. × 《航空二百年》是V类。 102. √ 103. × 《少年自然百科辞典》入N类。 104. √ 105. × 《中国近代现代丛书目录(总目)》是Z类。106. √ 107. √ 108. × 辨类是文献分类工作中第二个步骤,查重是第一个步骤。 109. × 一种文献只能占有一个书次号。 110. √ 111. × 类分文献和编制主题在编目过程中是不可分割的。 112. √ 113. √ 114. × 图书馆目录按文献不同特征分为书名目录、责任者目录、主题目录。 115. × 款目通过它的标目决定自己在目录中的位置。 116. √ 117. √ 118. √ 119. × 文献载体代码表中印刷本简称“印”,双字码为“YS”,单字码为“P”。 120. × 文献类型标识符使用时,当文献类型与文献载体发生交叉时,以标识文献类型为主。 121. × 文献著录互换原则是要求不同单位、不同情报源的文献著录可以互换。 122. √ 123. √ 124. × 责任者名称前后载有出身、籍贯、职务等文字均不著录。 125. √ 126. √ 127. × 原作基础上再创作称为“改写”。 128. × 读者统计是对借书证和到馆读者数量的统计。 129. √ 130. × 国际标准刊号是ISSN 131. √ 132. × ISBD(S)表示《国际标准书目著录(连续出版物)》,1977年出版。 133. √ 134. × 期刊的馆藏目录又称财产目录。 135. √ 136. × 中文期刊刊名字顺目录的编制方法,首先按汉字笔画多少或笔顺顺序排列 137. × 《中华人民共和国国家标准连续出版物著录规则》中的版本项包括版本说明和版本责任者。 138. √ 139. √ 140. × “;”是第一责任者的标识。 141. √ 142. × 凡属早期出版的期刊为减少空间紧张情况可以剔除参考价值不大的陈腐反动的内容。 143. × 期刊排架是期刊管理工作中的一项重要工作,它直接影响到工作效率的问题。 144. √ 145. √ 146. × 开架式阅览形式目前在图书馆已很普遍。 147. √ 148. × 期刊现刊,如读者有特殊需要也不得外借。 149. × 期刊索引按编排方法不可分为字顺索引、号码索引、关键词索引、引文索引。 150. √ 151. √ 152. × 编写期刊文摘中,简称、缩略语以及专业术语等,均应保持原文形式。 153. √ 154. × 传统的图书装订修补方法应有四种,即粘接法、裱糊法、加固法和层压法。 155. √ 156. × 藏书清点工作是一项复杂而细致的工作,必须有组织、有计划地进行。 157. × 形式排架法不适用开架书库。 158. √ 159. √ 160. √ 161. √ 162. × 藏书布局中水平布局模式的好处是书库与阅览室连接在一起,工作人员取书方便,节省读者等候时间。 163. × 三线典藏制中,图书利用率的高低是划分三个层次的依据。 164. √ 165. √ 166. × 藏书采集工作的原则要求各种图书馆必须根据本馆的特点进行藏书采集工作。 167. √ 168. × 藏书补充工作流程为选书阶段、订购阶段、验收阶段。 169. × 预订是图书馆补充藏书的主要方式。 170. × 交换是图书馆情报单位之间以及图书馆和出版单位、学术团体等单位之间进行交换、互通有无的一种藏书补充方式。 171. √ 172. √ 173. × 确定藏书剔除的标准和范围,必须在调查研究了解情况的基础上进行。 174. × 图书馆藏书以基本藏书为核心。 175. × 辅助书库一般是指图书馆的阅览室、外借处或分馆和流动车等部门所设的书库。 176. √ 177. √ 178. × 省级图书馆十分注意收集地区内的各种正式出版物和有关地区的地方文献。 179. √ 180. × 高等院校图书馆藏书建设的特点,具有教育性、学术性、专业性。 181. × 个人著述书目与综合书目属于一个内容范围。 182. √ 183. × 《中国国家书目》不是中国惟一的国家书目。 184. √ 185. √ 186. × 联合目录与馆藏目录是两种类型。 187. √ 188. × 专题书目根据题目的大小与读者对象,在规模上有较大的伸缩性。 189. √ 190. √ 191. × 推荐书目也称选读书目。 192. √ 193. × 地志书目不等同地方志目录。 194. √ 195. × 个人著作编年书目又称著译系年或著译书目。 196. × 《毛泽东著作主题索引》是二次文献 197. √ 198. √ 199. √ 200. × 推荐图书一般都附有内容提要。 201. √ 202. × 文摘能代表原作,但不能代替原作。 203. √ 204. × 报刊篇目索引的人名辅助索引除作者姓名外,还可包括在标题中出现的人名。 205. × 译报类,包括译丛、快报、消息等,属于三次文献。 206. √ 207. × 图书情报部门,利用二次文献工具,向读者揭示通报文献信息的服务方法是广义的报道服务含义。 208. × 翻译体即按照原文直接翻译,译者不附加任何文外词语。 209. √ 210. √ 211. × 无论现在或将来,手工检索都是计算机检索的基础。 212. √ 213. × 情报调研服务提供给决策部门和人员研究参考的文献属于三次文献。 214. √ 215. × 视听服务的方式一般可分为集体阅览和个人阅览两种。 216. √ 217. × 静电复印已成为图书馆的一项基本服务措施。 218. √ 219. × 组织各项服务活动的内容包括开展馆外阅览、复制、咨询等。 220. √ 221. × 区别服务的原则是图书馆读者服务的正确政策。 222. × 编目部门的工作直接关系到读者检索文献的难易程度。 223. × 编目部门定期编制的新书通报要保证送到读者手中。 224. √ 225. √ 226. × 阅览部门馆员要认真做好到馆读者登记簿的统计和分析工作。 227. × 图书馆统计分析是图书馆统计学的一个组成部分,它是一种部门统计。 228. √ 229. √ 230. × 读者心理学研究图书馆范围内读者活动的心理和心理特征。 231. × 读者心理学与图书馆的读者学的研究对象是相同的。 232. √ 233. × 个别辅导、群体参观是读者教育的方式方法。 234. × 通过读者教育活动,可以使更多的潜在读者转化为现实读者。

三、简答题

1. (1)《中图法索引》的结构由正文和三个索引款目首字表组成。(2)索引款目的汉字部分依汉语拼音顺序并兼顾汉语语词字面成族的特点排列。(3)三个索引款目首字表是首字汉语拼音检字表。(4)首字笔画笔顺检字表和首字四角号码检字表分别按各自的字顺规则排列。

   评分标准:(1) ~ (4)各25%。
2. (1)题名途径。(2)责任者途径。(3)序号途径。(4)分类途径。(5)主题途径。

   评分标准:(1) ~ (5)各20%。
3. (1)激光打印机是一种采用激光和电子照相技术在打印纸上输出信息的非击打式页式打印机。(2)具有打印无噪音、速度快、分辨率高等特点。

   评分标准:(1)(2)各50%。
4. (1)分辨率。(2)点间距。(3)屏幕尺寸。(4)扫描频率。(5)安全规范。

   评分标准:(1) ~ (5)各20%。
5. (1)按学科性质归类。(2)按分类体系归类。(3)按写作目的、用途归类。(4)不凭书名意义归类。

   评分标准:(1) ~ (4)各25%。
6. (1)分类表。(2)标记符号。(3)辅助符号。(4)辅助表。(5)说明和索引。

   评分标准:(1) ~ (5)各20%。
7. (1)由类目表的第一个类目开始,直到最后一个类目为止。(2)不论类目的等级,按类目排列的先后次序。(3)分别按照符号本身的顺序依次标志全部类目的编号方法。(4)它仅反映类目的先后次序,不反映类目的等级关系。(5)这种编号制度称为顺序制。

   评分标准:(1) ~ (5)各20%。
8. (1)根据一定的配号原则。(2)将已定的某种标记符号分配给分类表中各种不同等级的全部类目。(3)使每一个类目都有一个固定的区别于其他类目的号码和配号方法称为编号制度。

   评分标准:(1)(2)各30%,(3)40%。
9. (1)确定调查目的。(2)确定调查对象和调查单位。(3)确定调查项目。(4)编制调查表。(5)制定组织实施的工作计划。

   评分标准:(1) ~ (5)各20%。
10. (1)为了提高科学管理水平而对图书馆工作中的各种数据资料进行有计划、有步骤地调查和整理。(2)并采取科学的分析其各种数量关系的一系列活动。

评分标准:(1)(2)各50%。

11.(1)同一学科、专业的期刊大多集中在一起。(2)期刊的学科内容与期刊的排架联系在一起。(3)便于读者查找。(4)便于工作人员推荐。

评分标准:(1)~(4)各25%。

12.(1)分类排架法。按期刊内容所属的学科体系排列期刊。(2)字顺排架法。按期刊的刊名字顺排列期刊。(3)年代排架法。是以年代为单位,将出版年代相同的期刊先集中,然后按字顺或分类好排列期刊。

评分标准:(1)(2)各35%,(3)30%。

13.(1)单、双日外借。(2)预约外借。(3)资料复印外借。(4)馆际互借。

评分标准:(1)~(4)各25%。

14.(1)首先要解决藏与用的问题,要认识到藏的目的就是为了用。(2)实行开架阅览。(3)加强期刊的信息报道。(4)提高期刊利用率。

评分标准:(1)~(4)各25%。

15.(1)图书馆藏书应定期清点,即通过登记入藏图书的清册与库实物核对,使书账相等。(2)它是图书馆登记工作的继续,也是对图书登记的一项检查监督工作。

评分标准:(1)(2)各50%。

16.(1)藏书排架目录清点法。(2)图书登记簿清点法。(3)藏书检查卡清点法。

评分标准:(1)~(2)各35%,(3)30%

17.(1)分类排架法:是按照藏书内容所属的学科体系排列的方法。(2)形式排架法:是按照藏书的外部特征顺序排检藏书。

评分标准:(1)(2)各30%,(3)40%。

18.(1)分类责任者号排架法。(2)分类种次号排架法。

评分标准:(1)(2)各50%。

19.(1)登记性书目。(2)科学通报书目。(3)推荐书目。(4)专题书目。(5)书目之书目。

评分标准:(1)~(5)各20%。

20.(1)期刊目录。(2)报纸目录。(3)丛书目录。(4)地方志目录。(5)古籍目录。(6)少年儿童读物目录。(7)乐谱目录。(8)盲文图书目录。(9)译书目录。(10)磁带目录等。

评分标准:(1)~(10)各10%。

21.(1)累积性加大型专科文献目录。(2)结合研究题目的小型专题文献目录。(3)文献通报目录。(4)个别书目服务。

评分标准:(1)~(4)各25%。

22.(1)选题。(2)搜集文献。(3)编排文献。(4)编制辅索引。(5)编写序言和说明性文字。

评分标准:(1)~(5)各20%。

23.(1)个人著述书目反映特定人物全部著作的信息。(2)有助于读者了解和研究其在社会政治生活,或科学文化教育领域以及艺术方面的成就和贡献。(3)有助于读者了解一定历史时期该特定人物的地位和影响。

评分标准:(1)(2)各30%,(3)40%。

24.(1)为了揭示与报道特定的人物。(2)包括作家、学者、科学家的全部著作及其相关文献信息而编的书目。

评分标准:(1)(2)各50%。

25. (1)图书情报部门通过各种报道刊物。(2)编辑书本式题录索引、简介、文摘等二次文献,以及部分三次文献。(3)向本地区,本系统以至全国范围内广泛深入地通报文献资料,这种文献服务形式,即为报道服务方法。

评分标准:(1)(2)各30%,(3)40%。

26. (1)检索类:包括题录、索引、简介、文摘等。(2)译报类:包括译丛、快报、消息等。(3)研究类:包括综述、述评、动态等。

评分标准:(1)(2)各30%,(3)40%。

27. (1)追溯法。(2)常用法。(3)分段法。

评分标准:(1)(2)各35%,(3)30%。

28. (1)所谓文献检索服务,就是针对读者研究课题的实际需要。(2)按照一定的标识系统与途径,从大量的书目、索引、题录、文摘等二次文献中,查找出与课题有关或有用的文献服务活动。

评分标准:(1)(2)各50%。

29. 一般来说,设置图书馆的业务机构有如下依据:(1)依据图书馆的工作程序。(2)依据图书馆的性质类型。(3)依据文献的类别和语种。(4)依据读者对象。

评分标准:(1)~(4)各25%。

30. (1)负责文献的分类、著录和加工整理。(2)组织各种目录建立合理的目录体系。(3)将新到馆的文献精加工后,连同传票传至文献典藏部门。

评分标准:(1)(2)各30%,(3)40%。

四、论述题

1. (1)文献保存职能:是图书馆其他职能的基础,现代图书馆的保存职能,更多地体现在对文献的利用上,即保存的目的在于使用。(2)文献整序职能:现代社会文献的产生是连续而有序的,为了使人们能够快速、有效、合理、方便地利用文献,作为文献的收集、整理机构,图书馆有责任对文献进行有序化整理。(3)文献传递职能:也叫情报职能,图书馆是一个中介性机构,因此,文献传递就是它的另一个职能。(4)社会教育职能:体现在提供自学场所和提供学习资料。由于广大自学者的存在,使图书馆自然而然地具有了社会教育职能。在知识高度密集的信息化时代,这一职能越来越显得重要。

评分标准:(1)~(4)各25%。

2. (1)传递馆藏信息。通过图书馆目录将图书馆是否收藏某种文献的信息传递给读者,使读者在获取了馆藏信息后,通过借阅解决文献需求,这是传递职能的最基本内容。(2)传递文献的内容信息。图书馆对文献的传递,实质上是对文献内容信息的传递,这是图书馆活动的根本目的。而文献信息只有传递到需要它的地方或人的手中,才能实现其情报价值,因此,文献内容信息的传递也叫情报传递。

评分标准:(1)(2)各50%。

3. (1)藏书:是指图书馆通过各种途径收集来的刊载有知识信息的一切物质载体。图书馆对其进行整理,储存起来,就成为图书馆的藏书。藏书是图书馆存在和发展的物质基础,是图书馆的重要资源。它是构成图书馆必不可少的要素之一。(2)读者:是图书馆的服务对象,是利用图书馆的主体。凡是具有利用图书馆藏书条件的一切社会成员,都可以成为图书馆的读者。(3)工作人员:是图书馆的管理者,是图书馆开展各项活动起主导作用的最积极因素。(4)技术方法:是图书馆工作人员开展各项业务活动的手段,是发挥图书馆功能作用的重要条件。(5)建筑与设备:是图书馆开展工作的物质条件。馆舍建筑是图书馆工作的空间,是读者利用图书馆的活动场所。设备是图书馆开展各种活动的工具。

评分标准:(1)~(5)各20%。

4. (1)图书馆各要素之间的关系是相互影响、相互制约又相互依存的。(2)藏书与读者,是构成图书馆的两个重要的因素。图书馆收藏图书文献,是为了满足读者的需求。图书馆有了藏书,就要发展读者。如果只有藏书而没有读者,那么图书馆就仅仅是一座书库,反之,若没有藏书或藏而不用,就失去了藏书的意义。(3)从藏书与图书馆工作人员的关系来看,藏书的学科范围决定着工作人员的专业结构,藏书内容的深浅程度决定着工作人员的知识结构。反之,藏书的搜集、整理和开发利用又受工作人员的知识水平的影响。(4)从藏书与图书馆建筑及设备来看,藏书数量的不断增长,必然需要与之相适应的图书馆建筑设备。如果图书馆的建筑空间或设备不足,就会影响藏书的储存,限制藏书的增长。

评分标准:(1)~(4)各25%。

5. (1)可以充分发挥馆藏的作用。各类图书馆在为社会为读者的服务中有共同的任务,但由于各馆的性质、规模和具体任务的不同,其藏书数量与特色和服务对象又有所不同。如果组建成图书馆协作网,通过参网的图书馆编制联合目录,就可以通过馆际互借或通用借阅证来满足读者的需要,达到共享图书文献资源的目的。(2)有助于图书馆藏书专业化。只有通过图书馆协作网,进行图书馆之间的协作,分工收藏,使藏书走上专业化的轨道,在藏书专业化的基础上,才能使专业性的书刊完整,从而达到系统化。(3)可以充分发挥图书馆为科技服务的作用。图书馆要发挥为科技服务的作用,应在迅速搜集到图书资料的同时,组织协作网内的成员馆进行文献的题录、简介、文摘及数据整理,为科技人员提供情报检索工具,加速情报信息的交流传递,缩短科技人员查找文献资料的时间,把精力集中用在科研课题上,达到早出成果的目的。

评分标准:(1)~(4)各25%。

6. (1)协助研究图书馆事业的发展规划。图书馆担负着为提高全民族的科学文化水平服务的任务,图书馆事业必须有一个整体的发展规划,才能适应社会对图书馆的需要。(2)藏书建设方面的协作。开展藏书建设方面的协作协调,主要研究商定各馆藏书的范围、特点,使各馆逐步形成藏书特色,进而形成地区性的藏书体系。(3)编目工作的协作。这方面的活动主要有统一编目、编制全国或地区性联合目录和编制新书通报等。(4)书刊流通方面的协作。主要是指在书刊流通中所进行的馆际互借和发放通用借阅证。馆际互借,是指馆与馆之间根据协议向对方借阅本馆缺藏的书刊,来满足本馆读者需要的一种借阅方式。通用借阅证,主要是指通用阅览证和借书证。(5)在职人员培训方面的协作。要发展图书馆事业,建设现代化的图书馆,提高图书馆的工作水平,首先要提高图书队伍的素质,尤其是业务技术水平。

评分标准:(1)~(5)各20%。

7. 信息的种类按不同的分类标准、不同的划分方法有:(1)按信息的性质划分,有自然信息和人工信息。自然信息是自然界物质运动及其属性的表征,它随物质的存在而存在。人工信息是一种人工发射的信息,是人类认识世界、改造世界所加工发射的信息。(2)按信息的功能划分,有功能性信息和非功能性信息。功能信息是指人类社会生存和发展所必需的信息。非功能信息主要是指在消遣、娱乐方面的某些信息。(3)按认识论来划分,有物质信息和观念信息。物质信息反映物质的存在和运动。它不依赖于意识而存在,故又称自然信息。观念信息是人们认识信息的形式,是对外界的客观反映,它属于意识的范围,故又称精神信息。(4)按知识门类和行业来划分,每个知识门类、每个学科、每个行业都有各自相应的信息。(5)按载体划分,以负载信息的物质载体划分,有文摘信息、电子信息等。

评分标准:(1)~(5)各20%。

8. (1)信息有被认识的功能:在人类对客观世界的认识中,客观外界是认识的客体,人是认识的主体,信息则是客观外界与人的中介。人们的感觉器官用于接收来自各种渠道的信息,思维器官对接收来的信息进行加工和分析。人们接收和认识来自自然界和社会的不同信息,来区分不同的事物,进而认识世界和改造世界。(2)信息的资源功能:随着工业化社会的发展,有形的资源已被工业社会开采的越来越少,尤其是矿物资源。而在信息社会里,信息是一种重要而又抽象的无形资源。这种信息资源与资本和劳力相结合,可以创造财富。因此,信息已被人们视为一种重要的资源。

评分标准:(1)(2)各50%。

9. (1)开架方式。读者在以内容为排架顺序的开架书库中,除可以直接找到所需的书刊外,还可以接触到许多原来所不了解的书刊,开阔了视野,启发了许多潜在的需要,增长了知识,扩大了阅读的范围。(2)闭架方式,有利于馆藏文献的保护。在注重保存文献资料的情况下,传统图书馆大多采用闭架方式。采用闭架方式,读者不能直接到书架上挑选图书、期刊等,必须通过目录和馆员做媒介,才能借到书刊资料。(3)半开架方式。所谓半开架方式,就是读者只能看到排列在书架上的书刊的脊背。书架表面装有金属网或透明玻璃,读者可望而不可取。读者通过书脊初步选定所需书刊后,再由工作人员取下借给读者。这种方式可使读者省去查找目录、填写借书条、等候取书等手续。

评分标准:(1)(2)各35%,(3)30%。

10. (1)读者可以直接进入书库,随意浏览,可以自由地选择所需要的图书,不再需要经过目录和馆员做媒介。(2)可以减少借阅书刊的盲目性,并可简化借阅手续、缩短借阅时间。(3)还可拓宽读者视野,提高阅读的积极性,吸引更多的读者利用图书馆的馆藏文献。(4)由于开架,藏书广泛接触读者,许多原来未被利用的图书找到了合适的读者,扩大了文献的流通范围。(5)开架借阅也使图书馆工作人员从繁忙的进库取书劳动中解脱出来,使他们有更多的时间接近读者,了解读者的阅读需要,开展辅导和信息咨询等工作。

评分标准:(1)~(5)各20%。

11. (1)"·"符号,读作"点",置于字母段之后,自左至右每三位数字之后加一圆点,当最后一段正好为三位时,其后不必再加圆点。例:"S512.1 小麦"、"TS102.527 碳纤维素纤维"。(2)凡通过类目仿分、复分组合而成的分类号码,应根据组合后的数字号码自左至右,每三位加一个间隔符号,最后一段数字如果是整三位,则不需再加分隔符号。例:《苏联木材进出口贸易商品目录》的分类号码为:F755.126.524.01。(3)使用字母标记法的类号,其尾部字母部分不用"."分隔。例:TP312JA,TP311.138FOXP。(4)当组合的类号中夹有其他辅助符号时,以辅助符号作为计算数码位数的界限,即辅助符号之前的数码为一段,辅助符号中间为一段,辅助符号之后为一段,各自分别计算数码的位数,每隔三位数字加一个间隔符号。例:G40—054,R245—62,G40—095.12,TU528.063(516),G254.12(2)=4,TS935.52"253"。

评分标准:(1)~(4)各25%。

12. (1)类号的排列采用由左至右逐位对比的方法进行排列。先比较字母部分,再比较数字部分。字母部分按英文字母固有的次序排列。(2)类号中的阿拉伯数字依小数制排列。(3)数字之后如还有字母,则在前部类号相同的基础上,再按字母顺序排列。(4)类号的末位标记有推荐符号"a"者,排在本类的最前面。(5)类号中有辅助符号时,在其前的各位符号(A~Z,0~9)相同的情况下,依下列次序进行比较排列。

—总论复分号

()国家、地区区分号

""种族、民族区分号

=时代区分号

〈〉通用时间、地点区分号(表示通用地点)

〈〉通用时间、地点区分号(表示通用时间)

:组配符号

+联合符号。

评分标准:(1)~(4)各15%,(5)40%。

13. (1)文献分类是为了便于读者"按类索书"。文献经过分类,把每一门类的文献聚集在一起,组织成了系统,读者要看哪一方面的文献,就可以到哪一门类找。此外,还可以从分类系统中知道内容相近似、相关联的各种书籍,按类寻找,可以扩大读者的眼界。(2)文献分类是组织分类目录和分类排架的基础。文献经过分类,即决定了它应归入哪一类,就可以依类排架,也可以依类组织目录。两者的次序是一致的。(3)在图书馆实际工作中,不管是采用分类排架或是编制分类目录,都先要将文献加以分类。所以,文献分类也是图书馆工作中不可缺少的环节。

评分标准:(1)(2)各45%,(3)10%。

14. (1)查重:是分类工作的第一步骤。原则上是通过公务书名目录,必要时也可使用公务分类目录,查明待分配文献是否有过收藏或是不同卷册、不同版本。(2)辨类:是分类工作的第二步骤。文献分类必须分析确认文献的内容,即辨类。(3)归类:是分类工作的第三步骤。即根据文献的内容归入最恰当的类别,确定每种文献的主要类目,决定该文献的排架位置。(4)编定索书号:是分类工作的第四步骤。索书号由分类号及书次号组成。当一种文献确定主要类目后,给分类号时必须注意其正确性。分类号确定后,同时要给文献的书次号。书次号是文献分类工作的延续,是同类文献的再区分。

评分标准:(1)~(4)各25%。

15. 款目的作用主要表现在:(1)通过它的著录内容向读者提供有关文献的目录学知识,例如文献的题名、责任者、版本特征、内容价值等,从而帮助读者认识文献、选择文献。(2)通过它的标目决定自己在目录中的位置,供读者在一定类型的目录中,通过一定的检索途径,迅速、准确地查找所需文献。(3)通过它的索取号,确定文献在书库中的排架位置,从而提供索取文献的依据。(4)正是由于某一款目具有全面揭示某种文献的职能,才使目录完整地体现了记录文献、报道文献和检索文献的职能。

评分标准:(1)~(4)各25%。

16. (1)编制通用款目。运用文献著录法描述文献形式特征和内容特征。(2)编制检索款目。进行规范控制,分别以通用款目为基础,选择统一标目形式,包括:确定统一的题名标目、责任者标目,构成题名款目、责任者款目等;进行主题标引,添加主题标目,构成主题款目;进行分类标引,添加分类标识(分类标目),构成分类款目;建立规范款目及参照款目。(3)目录组织。将各种不同性质款目,分别组织成为题名目录、责任者目录、主题目录、分类目录。机读目录则由此形成具有各种检索途径的书目数据库,实现馆内局域网建设,并与广域网联通。(4)目录的维护与宣传利用。目录维护指对已经建立起来的各种目录进行维护,诸如,卡片目录的保养、更新,机读目录的检查、维护等。目录的宣传利用指对读者进行信息技术教育,对目录使用方法的宣传、辅导,使其发挥应有作用。

评分标准:(1)~(4)各25%。

17. (1)记录藏书:图书馆的目录是一种登记性的目录,它所反映的文献资料是图书馆所收藏的。因此,它具有记录藏书的作用。(2)报道藏书:图书馆为了更好地为读者服务,充分发挥它的传递信息和教育的职能,经常要通过编制各种目录来宣传推荐图书文献,指导读者阅读,帮助读者查找选择各种文献资料。(3)检索藏书:图书馆目录体系将各种文献资料排列有序,这种检索工具可以揭示图书馆收藏了哪些文献资料,读者可以按照目录提示的文献线索,找到所需的文献资料。(4)业务工具:图书馆的目录体系是揭示馆藏的重要工具。图书馆的各项业务工作,如文献的采集、整理、读者服务和检索等都离不开目录。(5)互为补充:图书馆的目录体系是完整的、统一的,它包含的目录种类多种多样,各种目录相互之间取长补短,在文献检索中,发挥着基础作用,在图书馆中共同组成了一个完善的目录体系。

评分标准:(1)~(5)各20%。

18. (1)分类目录:是按照文献分类的学科体系,依照图书馆所采用的图书分类法,来组织编排的目录,它既系统地揭示某门学科及其某一问题的图书文献资料,又利用著录的方法揭示相关学科之间的关系。(2)书名目录:是按照书名的字顺组织、排列起来的目录。它可以明确地告诉读者图书馆是否有一定书名的文献,而且可以集中同一种图书文献的各种不同版本,方便查找。(3)责任者目录:是按照著作责任者的名称组织排列起来的目录,便于从责任者名称了检索特定的文献,可集中图书馆所藏该责任者的全部著作及有关著作的评论。(4)主题目录:是根据主题词表,按照文献研究对象的主题字顺组织起来的目录,它是从文献的主题方面揭示文献,便于读者从文献所论述的主题中检索到所需要的文献和集中各学科的同一主题的文献。

评分标准:(1)~(4)各25%。

19. (1)互换原则。就是要使不同编目单位所编制的文献著录能够互换,从而使一个国家所编制的文献记录,在其他国家都能较容易地收录到图书馆目录或者其他书目中去,一个图书馆所编制的文献记录,也能够容易地被其他图书馆或任何文献工作部门收录到目录中去,这样有利于实现书目资源共享。(2)易于识别的原则。所编的文献记录不仅编目人员能够理解,而且也便于读者识别文献,更重要的是为一种语言使用者所编的文献记录,也能够被其他语言使用者所理解。(3)转换原则。要求文献著录标准化要有助于将一般目录记录转换成机读目录。(4)继承原则。文献著录总的方面要与国际标准一致,而又要有本国特点。

评分标准:(1)~(4)各25%。

20. 根据文献的类型和出版形式,确定著录对象的著录方法,通常有:(1)个别著录。是以单行出版的独立著作为对象的著录方法。例如,把一种单行著作、丛书中的某种著作、多卷书中相对独立的各分卷作为一个著录对象的著录。个别著录是文献著录的最基本、最普通的一种著录方法。(2)多层次著录。是以群体出版的一整套著作作为著录对象的著录方法。

如对丛书、多卷书的整体著录,它与个别著录相对而言。多层次著录也叫“整套著录”、“集中著录”、“分层次著录”。(3)分析著录。是将文献中的一部分材料提取出来,单独作为一个著录对象所进行的一种著录方法。分析著录也称作“别裁”、“别出”。

评分标准:(1)(2)各35%,(3)30%。

21. (1)按汉字笔划笔顺排列。首先按汉字笔划多少排,笔划相同的字,再按起笔的顺序,即按点、横、竖、撇的顺序排列。第一字相同,再按第二个字的字顺排列。汉字的笔划笔顺比较复杂,主要是繁体字与简化字有时笔划笔顺不易区分。字的起笔也不一致。在编制目录时,可以根据《新华字典》或《北京图书馆中文图书卡片目录检字表》决定笔划笔顺。(2)按汉语拼音的顺序排列。按照拼音字顺编制字顺目录,查找和编排都比较方便。汉语拼音排序应注意音、声调和多音字的排列。为了检索方便,在字顺目录正文之前,最好编制刊名或主题词的“首字笔划检字表”和“首字汉语拼音检字表”。

评分标准:(1)(2)各50%。

22. (1)组织工作。组织工作是编制联合目录的关键。为保证编制工作顺利进行,首先应该建立一个协调小组,研究工作计划,包括选题范围、标准(规范)的制定、人力配备、时间安排以及做些必需的准备工作。(2)编制方式。编制联合目录的方式大致可分为各馆分编,一馆汇总、几馆汇编,互相校补、一馆先编,各馆校补三种。(3)著录格式。著录事项的完备和著录格式的统一,对于联合目录的编制尤其重要。(4)组织排列。印刷型连续出版物联合目录绝大多数采用题名字顺排列方法。对于机读联合目录,则不存在这一问题。(5)辅助索引。印刷型联合目录如果按分类排列,必须附有题名字顺索引,以方便查找。(6)汇总工作。现在大多数联合目录应用计算机编制,中间的汇总工作基本可由系统完成。

评分标准:(1)~(4)各20%,(5)(6)各10%。

23. (1)防止火灾,书库内要根治一切可能引起火灾的祸源,严禁存放易燃品,严禁吸烟,定期检查电路和供电设备及消防系统,最好应配备自动灭火设备和自动报警仪器装置。(2)防潮与防高温。书库内要保持恒温恒湿,有条件的应对藏书和周围空气进行脱酸处理,对珍贵藏书可进行药物处理。经常对库房采取通风、吸潮、空调、密封等手段来保护藏书,还应避免日光辐射藏书。(3)防虫防鼠。各种有害生物对藏书的破坏是非常严重的。防虫灭鼠要采取“以防为主,以治为辅”的方针,除放置防虫防鼠药物外,应注意书库的通风、防尘、防潮,除去虫害滋生繁殖的条件。(4)防尘防菌。除尘灭菌,净化空气,隔离污染源,保持书库内及书库周围环境的卫生状况,是防尘灭菌的主要措施。最好采用吸尘器清除灰尘,并设置紫外线消毒装置对藏书进行消毒。

评分标准:(1)~(4)各25%。

24. (1)重视藏书保护,增强保护文献的责任感,加强对读者进行爱护文献的宣传教育,帮助读者养成文明的读书习惯。(2)健全保护和使用藏书的规章制度,严格执行各项规定,防止并处罚任何蓄意损坏和偷窃藏书的行为。(3)加强藏书的管理,改善库房内外的环境条件,经常检查藏书的安全与完整,消除一切危害藏书安全的隐患。

评分标准:(1)(2)各35%,(3)30%。

25. (1)基本藏书,也称基本书库。它是图书馆的主要书库,全馆藏书的基础。基本书库的藏书内容范围和品种数量,可以反映一个图书馆的藏书性质和特点,并能反映图书馆满足读者需要的规模和能力。藏书数量大,知识门类广。基本藏书成分复杂,包括古今中外各个门类的文献。为了保管方便和服务方便,许多图书馆通常按藏书的性质、类型和文种,划分为若干部分,分别安置存放。(2)辅助藏书也称辅助书库。图书馆设置各种辅助书库是为了满足不同读者需要。利用率较高、流通率大,具有现实性、参考性、针对性强的特点。辅助书库多是推荐性的文献,其规模不大,范围较集中,适应特定读者对象的需要。(3)专门藏书也称特藏书库,特藏是由于某一部分藏书需要特殊的保管条件,或有特殊读者需要而设立的,在一定程度上反映一个图书馆的藏书特色。

评分标准:(1)(2)各35%,(3)30%。

26. (1)按照文献利用率的高低及新旧程度,结合服务方式方法,将藏书体系依次划分为三个层次,组成一、二、三线书库的布局体制。(2)一线藏书系统为开架的辅助书库,包括开架外借处辅助书库和开架阅览室辅助书库,其藏书是利用率最高、针对性最强或者最新出版的文献,供开架借阅。(3)二线藏书系统为闭架或半开架辅助书库,包括闭架外借辅助书库和闭架阅览辅助书库,其藏书是利用率较高、参考性较强或者近期出版的文献,供查目借阅。(4)三线藏书系统为典藏书库,其藏书是利用率低的近期文献、过期失败文献、资料性文献及内部备查文献,不对一般读者开放。

评分标准:(1)~(4)各25%。

27. (1)复本多且呆滞的藏书。图书馆要依据读者的人数及借阅的数量,出版物的有效期及科学价值,藏书流通的数量及损耗等因素,确定保留的复本数。多余的且不流通的藏书应考虑在剔旧的范围内。(2)不宜公开流通的藏书。对一些有政治问题的、内容不健康的、没有任何价值的书籍,剔旧时视其情况区别处理。(3)残缺破损的藏书。文献在流通过程中存在着自然损耗,对不能再继续流通的书籍,按一定的比例进行剔旧处理。(4)陈旧过时的藏书。图书的有效使用年限有着一定的标准,超过这个标准的文献,须将它从常用书库中剔出去,以保证藏书质量。(5)流通率低的藏书。受采购质量的影响,有的文献主题内容及水平深度不符合读者的需要,以致长期无人问津,应考虑作剔旧处理。

评分标准:(1)~(5)各20%。

28. (1)对呆滞书的分析研究和藏书剔除工作,应该是图书馆日常工作之一,各馆可根据本馆具体情况,制定出《本馆处理呆滞书条例》,书库人员,可按条例进行日常分析研究和剔除工作。对于不好区分,一时不能决定的呆滞书可以集中进行。(2)集中处理时,最好有领导、读者、图书馆工作人员三方面的意见。(3)下架的图书应逐本或按种类填写"图书注销单",并经有关领导审批,并注销采购账目,剔除无书的目录卡片,将书送交处理库待处理。(4)对应处理的图书可内卖、外卖、旧书店处理、废纸处理,有的还可以做交换,互通有无。

评分标准:(1)~(4)各25%。

29. (1)图书信息单位基本情况的教育。这是进行读者教育应首要介绍的一个重要内容,目的是让读者了解本地区主要的图书信息单位的分布及馆藏文献的特点、范围和服务项目,使读者能尽早利用这些单位的文献。(2)文献信息基础理论、基本知识和作用的教育。提高全民信息意识是开发利用信息资源的关键,也是加速我国经济发展的一项重要任务。教育目的在于激发读者的信息需求,增强读者的信息意识。(3)文献信息检索原理、方法和技能的教育。要向读者介绍文献检索的基本原理和基本技能,介绍常用检索工具与参考工具书的使用方法,介绍数据库及计算机检索的基本知识,使读者能顺利地获取所需要的文献信息。(4)文献信息利用教育。如何利用文献,也是读者教育的重要内容之一,要向读者介绍治学方法,介绍信息资料的选择、收集、积累和整理方法,介绍信息资料的分析研究和科技写作等知识。

评分标准:(1)~(4)各 25%。

30.(1)通过读者教育,将促进文献信息的有效作用,推动科学技术和经济建设的发展,产生巨大的经济效益和社会效益,从而扩大图书馆的社会影响,吸引更多的人利用图书馆。(2)通过读者教育,将培养强化读者的信息意识,提高他们表达文献信息需求的能力,逐步形成敏锐的信息注意力。(3)通过读者教育,提高读者检索文献的能力,使他们能顺利地索取到所需要的文献。(4)通过读者教育,提高读者利用文献信息的能力,促进信息交流活动的开展。(5)通过读者教育,提高读者的自学能力和研究能力,开发智力资源,促进全民族人口素质的提高。(6)通过读者教育,提高读者直接参与信息活动的能力,有助于推进信息化社会的进程。(7)通过读者教育,一方面图书馆有机会更广泛地接触各类读者,及时了解他们的需求,改进服务水平,另一方面读者信息意识和情报素质的提高,反过来会对图书信息工作提出更高的要求,从而促进图书信息工作的不断改进,加速其自身发展。

评分标准:(1)~(6)各 15%,(7)10%。

第四部分　中级工技能操作试题

考核内容层次结构表

<table>
<tr><th rowspan="2">级别</th><th colspan="2">基本技能</th><th colspan="5">专业技能</th><th rowspan="2">合计</th></tr>
<tr><th>使用基本
工具书</th><th>操作
计算机</th><th>登记
图书</th><th>图书
分类</th><th>图书
著录</th><th>目录
组织</th><th>图书
排架</th></tr>
<tr><td>初级</td><td colspan="2">30分
10min
选一项</td><td>25分
10min</td><td>25分
20min</td><td>20分
10min</td><td></td><td></td><td>100分
50min</td></tr>
<tr><td>中级</td><td colspan="2">25分
10min
选一项</td><td>20分
10min</td><td>35分
20min</td><td>20分
20min</td><td></td><td></td><td>100分
60min</td></tr>
<tr><td>高级</td><td colspan="2">20分
10～20min
选一项</td><td></td><td>30分
20min</td><td>20分
10min</td><td colspan="2">30分
20min
选一项</td><td>100分
60～70min</td></tr>
</table>

鉴定要素细目表

行业:石油天然气　　工种:图书管理员　　等级:中级工　　鉴定方式:技能操作

<table>
<tr><th rowspan="3">行为领域</th><th colspan="8">鉴定范围</th><th colspan="3" rowspan="2">鉴定点</th></tr>
<tr><th colspan="3">一级</th><th colspan="3">二级</th><th colspan="2">三级</th></tr>
<tr><th>代码</th><th>名称</th><th>鉴定比重</th><th>代码</th><th>名称</th><th>鉴定比重</th><th>代码</th><th>名称</th><th>代码</th><th>名称</th><th>重要程度</th></tr>
<tr><td rowspan="17">操作技能 100%</td><td rowspan="5">A</td><td rowspan="5">基本技能</td><td rowspan="5">25%</td><td rowspan="2">A</td><td rowspan="2">使用基本工具书</td><td rowspan="5">25%</td><td rowspan="2">A</td><td rowspan="2">部首查字法</td><td>001</td><td>使用《新华字典》用部首查字法查出给定字的解释</td><td>X</td></tr>
<tr><td>002</td><td>回答部首查字法的操作要领</td><td>Y</td></tr>
<tr><td rowspan="3">B</td><td rowspan="3">操作计算机</td><td rowspan="3">A</td><td rowspan="3">Word 的使用</td><td>001</td><td>窗口的操作</td><td>Y</td></tr>
<tr><td>002</td><td>建立一个 Word 文档并保存在“我的文档”中</td><td>X</td></tr>
<tr><td>003</td><td>在桌面上建立 Word 程序的快捷方式</td><td>Z</td></tr>
<tr><td rowspan="12">B</td><td rowspan="12">专业技能</td><td rowspan="12">75%</td><td rowspan="3">A</td><td rowspan="3">图书登记</td><td rowspan="3">20%</td><td rowspan="2">A</td><td rowspan="2">个别登记</td><td>001</td><td>填写图书的个别登记账</td><td>X</td></tr>
<tr><td>002</td><td>回答填写图书个别登记账的各项要求</td><td>Y</td></tr>
<tr><td>B</td><td>总括登记</td><td>001</td><td>回答填写图书总括登记账的各项要求</td><td>X</td></tr>
<tr><td rowspan="5">B</td><td rowspan="5">图书分类</td><td rowspan="5">35%</td><td rowspan="5">A</td><td rowspan="5">图书分类</td><td>001</td><td>使用《中图法》分类文学类图书</td><td>X</td></tr>
<tr><td>002</td><td>使用《中图法》分类数、理、化类图书</td><td>Y</td></tr>
<tr><td>003</td><td>使用《中图法》分类哲学类图书</td><td>X</td></tr>
<tr><td>004</td><td>使用《中图法》分类工业技术类图书</td><td>X</td></tr>
<tr><td>005</td><td>使用《中图法》分类医药、卫生类图书</td><td>Y</td></tr>
<tr><td rowspan="3">C</td><td rowspan="3">图书著录</td><td rowspan="3">20%</td><td rowspan="3">A</td><td rowspan="3">著录</td><td>001</td><td>副书名的著录</td><td>Z</td></tr>
<tr><td>002</td><td>多个责任者的著录</td><td>Y</td></tr>
<tr><td>003</td><td>丛书项的著录</td><td>Y</td></tr>
</table>

注:X—核心要素;Y——一般要素;Z—辅助要素。

技能操作试题

一、部首查字法(AAA)

(一)测量模块

1. 考核要求

(1)必备的文具准备齐全;

(2)符合部首查字法的规定。

2. 考核时限

(1)准备时间:1min;

(2)操作时间:10min,从正式操作开始计时;

(3)考核时提前完成操作不加分,超时操作按规定标准评分。

3. 配分、评分标准

序号	考核内容	考核要点	配分	评分标准	检测结果	扣分	得分	备注
1	准备工作	考生自备钢笔	4	未准备钢笔扣4分				
2	操作程序	首先准确确定要查字的部首	16	部首选错一处扣4分				
		按要查字的部首在《部首目录》内查出页码,然后查《检字表》	16	未按步骤操作一处扣4分,查错页码不得分				
		《检字表》内,查除去部首笔画以外的画数,查到字典正文的页码	16	未按步骤操作一处扣4分,查错页码不得分				
		在正文中按字的平仄音顺序查找	16	不按平仄音顺序查找不得分,查找错误一处扣4分				
		在正文中找到要查的字	16	在正文中未找到要查的字不得分,查错字一处扣4分				
		记录下字的解释	16	未记录不得分,记录错误一处扣2分,字迹不工整扣2分				
3	环保要求及其他	严格遵守环保要求;在规定时间内完成		工具、资料摆放不整齐、场地不清从总分中扣5分;每超时30s从总分中扣5分;超时1min停止操作				
合计			100					

(二)考试试题

AAA001 使用《新华字典》用部首查字法查出给定字的解释

(1)准备要求:

序　号	名　称	规　格	数　量	备　注
1	给出生字		4个	
2	白纸		1张	
3	新华字典	新版	1册	
4	钢笔		1支	

(2)操作程序说明：

① 先确定生字的部首；

② 在《部首目录》中查出《检字表》的页码；

③ 在《检字表》中查除去部首以外的笔画数，查出生字所在字典正文的页码；

④ 在字典正文中查出该字。

(3)考核规定说明：

① 如操作违章，将停止考核；

② 考核采用百分制，考核项目得分按组卷比例进行折算。

(4)考核方式说明：该项目为实际操作，以操作过程与操作标准进行评分。

(5)考核时限：同测量模块。

(6)配分、评分标准：同测量模块。

AAA002 回答部首查字法的操作要领

(1)准备要求：

序　号	名　称	规　格	数　量	备　注
1	白纸		1张	
2	给出生字		4个	
3	钢笔		1支	

(2)操作程序说明：

笔答部首查字法的操作要领。

(3)考核规定说明：

① 如操作违章，将停止考核；

② 考核采用百分制，考核项目得分按组卷比例进行折算。

(4)考核方式说明：本项目为笔答题，以笔答结果按操作标准进行评分。

(5)考核时限：同测量模块。

(6)配分、评分标准：

序号	考核内容	考核要点	配分	评分标准	检测结果	扣分	得分	备注
1	准备工作	考生自备钢笔	4	不准备钢笔扣4分				
2	操作程序	首先确定要查字的部首	20	未确定要查字的部首不得分，部首选错一处扣5分				
		按要查字的部首在《部首目录》内查出页码，然后查《检字表》	20	未按步骤查页码不得分，错一处扣5分				

续表

序号	考核内容	考核要点	配分	评分标准	检测结果	扣分	得分	备注
2	操作程序	《检字表》内,查除去部首笔画以外的画数,查到字典正文的页码	20	未按步骤查页码不得分,错一处扣5分				
		在正文中找到要查的字	20	未在正文中找到要查的字不得分,找错一处扣5分				
		记录要工整	16	记录不工整一处扣4分				
3	环保要求及其他	严格遵守环保要求;在规定时间内完成		工具、资料摆放不整齐、场地不清从总分中扣5分;每超时30s从总分中扣5分;超时1min停止操作				
		合 计	100					

二、Word的使用(ABA)

(一)测量模块

1. 考核要求

符合计算机操作规范。

2. 考核时限

(1)准备时间:1min;

(2)操作时间:10min,从正式操作开始计时;

(3)考核时提前完成操作不加分,超时操作按规定标准评分。

3. 配分、评分标准

序号	考核内容	考核要点	配分	评分标准	检测结果	扣分	得分	备注
1	准备工作	启动计算机	5	操作错误扣5分				
2	操作程序	窗口的移动	20	不会操作不得分,操作错误一次扣5分				
		调整窗口的大小	20	不会操作不得分,操作错误一次扣5分				
		改变窗口的显示区域	15	不会操作不得分,操作错误一次扣5分				
		窗口的最大化、还原操作	20	不会操作不得分,操作错误一次扣5分				
		窗口的最小化操作	10	不会操作不得分,操作错误一次扣5分				
		窗口的关闭	10	不会操作不得分,操作错误一次扣5分				

续表

序号	考核内容	考核要点	配分	评分标准	检测结果	扣分	得分	备注
3	环保要求及其他	严格遵守环保要求;在规定时间内完成		工具、资料摆放不整齐、场地不清从总分中扣5分;每超时30s从总分中扣5分;超时1min停止操作				
合 计			100					

(二)考试试题

ABA001 窗口的操作

(1)准备要求:

序　　号	名　　称	规　　格	数　　量	备　　注
1	计算机		1台	

(2)操作程序说明:

① 窗口的最大化;

② 窗口的最小化、还原;

③ 窗口的移动、调整大小、显示区域。

(3)考核规定说明:

① 如操作违章,将停止考核;

② 考核采用百分制,考核项目得分按组卷比例进行折算。

(4)考核方式说明:实际操作以操作过程与操作标准进行评分。

(5)考核时限:同测量模块。

(6)配分、评分标准:同测量模块。

ABA002 建立一个Word文档并保存在“我的文档”中

(1)准备要求:

序　　号	名　　称	规　　格	数　　量	备　　注
1	计算机		1台	

(2)操作程序说明:

① 启动Word程序;

② 默认系统当前给定的空白文档或创建一个空白文档;

③ 输入文档内容;

④ 保存文档在“我的文档”中,并命名为“图书馆”。

(3)考核规定说明:

① 如操作违章,将停止考核;

② 考核采用百分制,考核项目得分按组卷比例进行折算。

(4)考核方式说明:实际操作以操作过程与操作标准进行评分。

(5)考核时限:同测量模块。

(6)配分、评分标准:

序号	考核内容	考核要点	配分	评分标准	检测结果	扣分	得分	备注
1	准备工作	启动计算机	5	操作错误不得分				
2	操作程序	启动 Word 程序	20	不会操作不得分,操作错误一次扣5分				
		默认系统当前给定的空白文档或创建一个空白文档	15	不会操作不得分,操作错误一次扣5分				
		选择一种输入法,输入文档内容	20	不会操作不得分,操作错误一次扣5分				
		为新文档命名、保存:左单击保存按钮,在弹出的“另存为”对话框中确定文档的保存位置并给出文档的文件名“图书馆”,左单击右下角保存按钮	40	未能完成操作不得分,操作错误每一步骤扣10分				
3	环保要求及其他	严格遵守环保要求;在规定时间内完成		工具、资料摆放不整齐、场地不清从总分中扣5分;每超时30s从总分中扣5分;超时1min停止操作				
合计			100					

ABA003 在桌面上建立 Word 程序的快捷方式

(1)准备要求:

序号	名称	规格	数量	备注
1	计算机		1台	

(2)操作程序说明:

① 启动开始菜单;

② 选择“程序”中的“Microsoft Word”;

③ 单击鼠标右键,选择“创建快捷方式”;

④ 将创建的快捷方式复制到桌面上。

(3)考核规定说明:

① 如操作违章,将停止考核;

② 考核采用百分制,考核项目得分按组卷比例进行折算。

(4)考核方式说明:实际操作以操作过程与操作标准进行评分。

(5)考核时限:同测量模块。

(6)配分、评分标准:

序号	考核内容	考核要点	配分	评分标准	检测结果	扣分	得分	备注
1	准备工作	启动计算机	5	操作错误扣5分				
2	操作程序	启动开始菜单	15	不会操作不得分,操作错误一次扣5分				
		选择“程序”	20	不会操作不得分,操作错误一次扣5分				
		选择 Microsoft Word	20	不会操作不得分,操作错误一次扣5分				
		单击右键,创建快捷方式	20	不会操作不得分,操作错误一次扣5分				
		将创建好的快捷方式复制到桌面上	20	不会操作不得分,操作错误一次扣5分				
3	环保要求及其他	严格遵守环保要求;在规定时间内完成		工具、资料摆放不整齐、场地不清从总分中扣5分;每超时30s从总分中扣5分;超时1min停止操作				
		合 计	100					

三、个别登记(BAA)

(一)测量模块

1. 考核要求

(1)必备的文具准备齐全;

(2)按图书个别登记操作规程操作;

(3)文具、用具使用正确。

2. 考核时限

(1)准备时间:1min。

(2)操作时间:10min,从正式操作开始计时。

(3)考核时提前完成操作不加分,超时操作按规定标准评分。

3. 配分、评分标准

序号	考核内容	考核要点	配分	评分标准	检测结果	扣分	得分	备注
1	准备工作	钢笔	5	不准备扣5分				
2	操作程序	个别登记的“年、月、日”,填写图书登记日期,不写图书收到日期	10	填写错误一处扣2分				
		“登记号”每书一号,不得重复,复本的个别登记要注明起止号	10	登记号重复一处扣2分				
		“书名”要登记全书名,不得删节	10	书名登记不全一处扣2分				

续表

序号	考核内容	考核要点	配分	评分标准	检测结果	扣分	得分	备注
2	操作程序	“著者”:多著(译)者,可只登第一著者,后加“等”字。	10	著者照书名页上的写,登记与书名页上的不一致一处扣2分				
		“出版处所”:出版社名称能反映出版地者,可省略出版地	10	与版权页上的不一致一处扣2分				
		“装订”:平装可省略	5	填写错误扣5分				
		“开本”:普通32开可省略	10	填写错误扣10分				
		“单价”:指一册书的价格。成部书有总价的,按总价登记	10	填写错误一处扣2分				
		“册数”:一般填写复本数	10	填写错误一处扣2分				
		“收到批号”:即总括登记的收到批号,按预先给定的批号填写	10	未按预先给定的批号填写,不得分,填错一次扣5分				
3	环保要求及其他	严格遵守环保要求;在规定时间内完成		工具、资料摆放不整齐、场地不清从总分中扣5分;每超时30s从总分中扣5分;超时1min停止操作				
合计			100					

(二)考试试题

BAA001 填写图书的个别登记账

(1)准备要求:

序号	名称	规格	数量	备注
1	图书		20册	
2	图书个别登记账页		1页	
3	钢笔		1支	

(2)操作程序说明:

填写20册图书的个别登记账,起始登记号设为1。

(3)考核规定说明:

① 如操作违章,将停止考核;

② 考核采用百分制,考核项目得分按组卷比例进行折算。

(4)考核方式说明:该项目为实际操作,以操作过程与操作标准进行评分。

(5)考核时限:

① 准备时间:1min;

② 操作时间:20min,从正式操作开始计时;

③ 考核时提前完成操作不加分,超时操作按规定标准评分。

(6)配分、评分标准:同测量模块。

BAA002 回答填写图书个别登记账的各项要求

(1)准备要求:

序　　号	名　　称	规　　格	数　　量	备　　注
1	试题纸	A4	1份	
2	钢笔(或碳素笔)		1支	

(2)操作程序说明:

① 在试卷上写明技能现场考号及考试日期;

② 写出填写图书个别登记账各项的要求;

③ 卷面要求。

(3)考核规定及说明:

① 如操作违章,将停止考核;

② 考核采用百分制,考核项目得分按鉴定比重进行折算。

(4)考核方式说明:该项目为技能笔试,全过程按评分标准进行评分。

(5)考核时限:

① 准备时间:1min;

② 正式操作时间:15min;

③ 提前完成操作不加分,超时操作按规定标准评分。

(6)配分、评分标准:

序号	考核内容	考核要点	配分	评分标准	检测结果	扣分	得分	备注
1	准备工作	钢笔(或碳素笔)	2	未准备不得分				
2	操作程序	个别登记的"年、月、日"只填写图书登记日期,不写图书收到日期	10	未回答不得分;回答错误一处扣5分;扣完为止				
		"登记号"为每书一号,不得重复,复本的个别登记要注明起止号	8	未回答不得分;回答错误一处扣4分;扣完为止				
		"书名"要登记全书名,不得删节	4	未回答不得分;回答错误一处扣2分;扣完为止				
		"著者"为多著(译)者,可只登第一著者,后加"等"字	12	未回答不得分;回答错误一处扣4分;扣完为止				
		"出版处所":指出版地和出版社,出版社名称能反映出版地者,可省略出版地	12	未回答不得分;回答错误一处扣4分;扣完为止				
		"装订":平装可省略,其他装订形式要登记	6	未回答不得分;回答错误一处扣3分;扣完为止				

续表

序号	考核内容	考核要点	配分	评分标准	检测结果	扣分	得分	备注
2	操作程序	“开本”:普通32开本可省略	4	未回答不得分;回答错误一处扣2分;扣完为止				
		“单价”:指一册书的金额,成部书有总价的,按总价登记	12	未回答不得分;回答错误一处扣4分;扣完为止				
		“册数”:一部书一册者,一般填写复本数;如一部书有两个以上分册,并以部为整理单位时,则填写“×部×册”	12	未回答不得分;回答错误一处扣4分;扣完为止				
		备注:可记该书存在缺点、缺页等	4	未回答不得分;回答错误一处扣2分;扣完为止				
		“收到批号”:即总括登记的收到批号	4	未回答不得分;回答错误一处扣2分;扣完为止				
3	卷面要求	字迹工整、卷面整洁;无错别字	10	字迹不工整、卷面不整洁扣4分;有错别字一处扣2分;扣完为止				
4	环保要求及其他	严格遵守环保要求;在规定时间内完成		工具、资料摆放不整齐、场地不清从总分中扣5分;每超时30s从总分中扣5分;超时1min停止操作				
合计			100					

BAB001 回答填写图书总括登记账的各项要求

(1)准备要求:

序号	名称	规格	数量	备注
1	试题纸	A4	1份	
2	钢笔(或碳素笔)		1支	

(2)操作程序说明:

① 在试卷上写明技能现场考号及考试日期;

② 写出填写图书总括登记簿各项的要求;

③ 卷面要求。

(3)考核规定及说明:

① 如操作违章,将停止考核;

② 考核采用百分制,考核项目得分按鉴定比重进行折算。

(4)考核方式说明:该项目为技能笔试,全过程按评分标准进行评分。

(5)考核时限:

① 准备时间:1min;

② 正式操作时间:15min;

③ 提前完成操作不加分,超时操作按规定标准评分。

(6)配分、评分标准:

序号	考核内容	考核要点	配分	评分标准	检测结果	扣分	得分	备注
1	准备工作	自备钢笔(或碳素笔)	2	未准备不得分				
2	操作程序	"年、月、日"填写图书收到或注销的日期	10	未回答不得分;答错一处扣5分;扣完为止				
		"原始单据号":记载书店售书的发票号码,如:一批书开两张以上发票时,可只记第一张单据号,后加"等×张",同时要在单据上注明总括登记批号,使二者联系起来	20	未回答不得分;答错一处扣5分;扣完为止				
		总括登记号可按自定的流水号填写	8	未回答不得分;答错一处扣4分;扣完为止				
		"总种数"和"总册数"是各类图书种数之和与册数之和	10	未回答不得分;答错一处扣5分;扣完为止				
		"总金额"指所登记该批图书的总计金额	10	未回答不得分;答错一处扣5分;扣完为止				
		图书类别填写一批书中各类图书的册数	10	未回答不得分;答错一处扣5分;扣完为止				
		"起止登记号":记载所登记一批图书的个别登记起止号,使总括登记与个别登记联系起来	20	未回答不得分;答错一处扣5分;扣完为止				
3	卷面要求	字迹工整、卷面整洁;无错别字	10	字迹不工整、卷面不整洁扣4分;有错别字一处扣2分;扣完为止				
4	环保要求及其他	严格遵守环保要求;在规定时间内完成		工具、资料摆放不整齐、场地不清从总分中扣5分;每超时30s从总分中扣5分;超时1min停止操作				
合计			100					

四、图书分类(BBA)

(一)测量模块

1.考核要求

(1)必备的文具、用具准备齐全;

(2)按图书分类操作规程操作;

(3)归类恰当,给出的分类号正确。

2. 考核时限

(1)准备时间:1min。

(2)操作时间:20min,从正式操作开始计时。

(3)考核时提前完成操作不加分,超时操作按规定标准评分。

3. 配分、评分标准

序号	考核内容	考核要点	配分	评分标准	检测结果	扣分	得分	备注
1	准备工作	铅笔、橡皮	5	未准备铅笔扣2.5分;未准备橡皮扣2.5分				
2	操作程序	分析图书的特征,认识书的学科性质、主题范围、作者旨意等	20	未分析图书的特征扣5分;未认识书的学科性质、主题范围、作者旨意各扣5分				
		根据分析出的图书特征,从分类表中找出最能恰当表达这些特征的类目,选其相应类号	50	所找类目不准确一本扣5分;类号选择错误一本扣5分				
		记录下分类号,写在书名页左上角或靠书脊处	20	未记录分类号不得分,分类号记录位置错误一处扣4分				
		记录工整	5	记录不工整扣5分				
3	环保要求及其他	严格遵守环保要求;在规定时间内完成		工具、资料摆放不整齐、场地不清从总分中扣5分;每超时30s从总分中扣5分;超时1min停止操作				
		合 计	100					

(二)考试试题

BBA001 使用《中图法》分类文学类图书

(1)准备要求:

序 号	名 称	规 格	数 量	备 注
1	文学类图书(小说、诗歌、散文等)		5册	未加工过的原书
2	《中图法》第四版		1册	
3	铅笔		1支	
4	橡皮		1块	

(2)操作程序说明:

① 分析图书的内容特征;

② 从分类表中找出最恰当的类目,选择相应的类号;

③ 给定分类号,用铅笔写在书名页的左上角。

(3)考核规定说明:

① 如操作违章,将停止考核;

② 考核采用百分制,考核项目得分按组卷比例进行折算。

(4)考核方式说明:该项目为实际操作,以操作过程与操作标准进行评分。

(5)考核时限:同测量模块。

(6)配分、评分标准:

序号	考核内容	考核要点	配分	评分标准	检测结果	扣分	得分	备注
1	操作准备	铅笔、橡皮	4	未准备铅笔扣2分;未准备橡皮扣2分				
2	操作程序	分析图书的内容特征,文学作品的归类先按国别,后按体裁,再按时代分	16	未分析图书的内容特征扣4分;未对文学作品的归类先按国别,后按体裁,再按时代分各扣4分				
		文学作品的国别,按作者所在国家的国别分	20	未按此程序操作一处扣4分				
		文学作品的时代,按作者所处的时代分,两国以上的作品集入“世界文学作品集”	20	未按此程序操作一处扣4分				
		根据分析出的图书特征,从分类表中找出最能恰当表达这些特征的类目,选其相应类号	20	类号选择错误一处扣4分				
		记录下分类号,写在书名页左上角或靠书脊处	20	未记录分类号不得分,分类号记录位置错误一处扣4分				
3	环保要求及其他	严格遵守环保要求;在规定时间内完成		工具、资料摆放不整齐、场地不清从总分中扣5分;每超时30s从总分中扣5分;超时1min停止操作				
合计			100					

BBA002 使用《中图法》分类数、理、化类图书

(1)准备要求:

序号	名称	规格	数量	备注
1	数学、物理、化学类图书(不要中小学课本)		5册	未加工过的原书

续表

序　号	名　称	规　格	数　量	备　注
2	《中图法》第四版		1册	
3	铅笔		1支	
4	橡皮		1块	

(2)操作程序说明：

① 分析图书的内容特征；

② 从分类表中找出最恰当的类目，选择相应的类号；

③ 给定分类号，用铅笔写在书名页的左上角。

(3)考核规定说明：

① 如操作违章，将停止考核；

② 考核采用百分制，考核项目得分按组卷比例进行折算。

(4)考核方式说明：该项目为实际操作，以操作过程与操作标准进行评分。

(5)考核时限：同测量模块。

(6)配分、评分标准：

序号	考核内容	考核要点	配分	评分标准	检测结果	扣分	得分	备注
1	操作准备	铅笔、橡皮	5	未准备铅笔扣2.5分；未准备橡皮扣2.5分				
2	操作程序	分析图书的内容特征，认识书的学科性质、主题范围、作者旨意等	20	未分析图书的特征扣5分；未认识书的学科性质、主题范围、作者旨意各扣5分				
		根据分析出的图书特征，从分类表中找出最能恰当表达这些特征的类目，选其相应类号	50	所找类目不准确一本扣5分；类号选择错误一本扣5分				
		记录下分类号，写在书名页左上角或靠书脊处	20	未记录分类号不得分，分类号记录位置错误一处扣4分				
		记录工整	5	记录不工整扣5分				
3	环保要求及其他	严格遵守环保要求；在规定时间内完成		工具、资料摆放不整齐、场地不清从总分中扣5分；每超时30s从总分中扣5分；超时1min停止操作合				
合　计			100					

BBA003 使用《中图法》分类哲学类图书

(1)准备要求：

序　号	名　称	规　格	数　量	备　注
1	哲学类图书		5 册	未加工过的原书
2	《中图法》第四版		1 册	
3	铅笔		1 支	
4	橡皮		1 块	

(2)操作程序说明:

① 分析图书的内容特征;

② 从分类表中找出最恰当的类目,选择相应的类号;

③ 给定分类号,用铅笔写在书名页的左上角。

(3)考核规定说明:

① 如操作违章,将停止考核;

② 考核采用百分制,考核项目得分按组卷比例进行折算。

(4)考核方式说明:该项目为实际操作,以操作过程与操作标准进行评分。

(5)考核时限:同测量模块。

(6)配分、评分标准:同测量模块。

BBA004 使用《中图法》分类工业技术类图书

(1)准备要求:

序　号	名　称	规　格	数　量	备　注
1	工业技术类图书 (石油、化工、矿业等)		5 册	未加工过的原书
2	《中图法》第四版		1 册	
3	铅笔		1 支	
4	橡皮		1 块	

(2)操作程序说明:

① 分析图书的内容特征;

② 从分类表中找出最恰当的类目,选择相应的类号;

③ 给定分类号,用铅笔写在书名页的左上角。

(3)考核规定说明:

① 如操作违章,将停止考核;

② 考核采用百分制,考核项目得分按组卷比例进行折算。

(4)考核方式说明:该项目为实际操作,以操作过程与操作标准进行评分。

(5)考核时限:同测量模块。

(6)配分、评分标准:同测量模块。

BBA005 使用《中图法》分类医药、卫生类图书

(1)准备要求:

序　号	名　称	规　格	数　量	备　注
1	医药、卫生类图书		5册	未加工过的原书
2	《中图法》第四版		1册	
3	铅笔		1支	
4	橡皮		1块	

(2)操作程序说明:

① 分析图书的内容特征;

② 从分类表中找出最恰当的类目,选择相应的类号;

③ 给定分类号,用铅笔写在书名页的左上角。

(3)考核规定说明:

① 如操作违章,将停止考核;

② 考核采用百分制,考核项目得分按组卷比例进行折算。

(4)考核方式说明:该项目为实际操作,以操作过程与操作标准进行评分。

(5)考核时限:同测量模块。

(6)配分、评分标准:同测量模块。

五、图书著录

(一)测量模块(BCA)

1. 考核要求

(1)必备的文具、用具准备齐全;

(2)熟练掌握图书著录的方法。

2. 考核时限

(1)准备时间:1min;

(2)操作时间:10min,从正式操作开始计时;

(3)考核时提前完成操作不加分,超时操作按规定标准评分。

3. 配分、评分标准

序号	考核内容	考核要点	配分	评分标准	检测结果	扣分	得分	备注
1	准备工作	钢笔	5	未准备扣5分				
2	操作程序	确定图书的著录依据	30	著录依据确定错误一本书扣10分				
		记录图书的著录依据,主要有书名页和版权页	30	未做记录不得分,记录错误一处扣5分				
		依据著录规则进行著录	15	未按规则著录不得分				
		著录格式规范、标记符号正确	20	格式不对一处扣5分,标记符号错误一次扣5分				
3	环保要求及其他	严格遵守环保要求;在规定时间内完成		工具、资料摆放不整齐、场地不清从总分中扣5分;每超时1min从总分中扣5分;超时2min停止操作				
	合　计		100					

(二)考试试题

BCA001 副书名的著录

(1)准备要求:

序号	名称	规格	数量	备注
1	图书(具有副书名)		3册	
2	白纸(或著录用标准卡片)		1张(或卡片3张)	
3	钢笔		1支	

(2)操作程序说明:

① 确定书名页为著录根据;

② 著录正、副题名。

(3)考核规定说明:

① 如操作违章,将停止考核;

② 考核采用百分制,考核项目得分按组卷比例进行折算。

(4)考核方式说明:该项目为实际操作,以操作过程与操作标准进行评分。

(5)考核时限:同测量模块。

(6)配分、评分标准:

序号	考核内容	考核要点	配分	评分标准	检测结果	扣分	得分	备注
1	准备工作	钢笔	5	未准备不得分				
2	操作程序	第一行空两格	5	未按要求写不得分				
		著录正书名	30	漏字、改字错一处各扣5分				
		著录副书名。其前用":"标识	15	未按要求写每错一处扣5分				
		著录副书名时,表示与正书名从属关系的符号"——"、"( )"、空格等应去掉	15	未按要求写每错一处扣5分				
		副书名出现分卷(册)次时,副书名与卷册次之间用空格相连。	15	未按要求写每错一处扣5分				
		字体规范整齐	15	字体不规范一处扣5分				
3	环保要求及其他	严格遵守环保要求;在规定时间内完成		工具、资料摆放不整齐、场地不清从总分中扣5分;每超时1min从总分中扣5分;超时2min停止操作				
合计			100					

BCA002 多个责任者的著录

(1)准备要求:

序　号	名　称	规　格	数　量	备　注
1	图书 （具有多个责任者）		3种	
2	白纸 （或标准空白目录卡片）		1张（或卡片3个）	
3	钢笔		1支	

（2）操作程序说明：

① 确定书名页为著录根据；

② 著录责任者。

（3）考核规定说明：

① 如操作违章，将停止考核；

② 考核采用百分制，考核项目得分按组卷比例进行折算。

（4）考核方式说明：该项目为实际操作，以操作过程与操作标准进行评分。

（5）考核时限：同测量模块。

（6）配分、评分标准：

序号	考核内容	考核要点	配分	评分标准	检测结果	扣分	得分	备注
1	准备工作	钢笔	4	未准备扣4分				
2	操作程序	具有两个以上责任者，按书名页所载顺序依次著录	12	未按规则写一处扣4分				
		相同责任方式的著者用“，”相连	12	未按规则写一处扣4分				
		不同责任方式的责任者用“；”相连	12	未按规则写一处扣4分				
		翻译著作先著录原著者，后著录译者	12	未按规则写一处扣4分				
		同一责任方式的责任者超过两个时只著录一个，其后加“等”字	12	未按规则写一处扣4分				
		集体编写的著作，无个人责任者，以集体名称为责任者	12	未按规则写一处扣4分				
		责任者姓名前后记载的籍贯、单位、职位、学位、头衔等均不著录，僧人除外	6	未按规则写一处扣2分				
		著录责任方式	6	未按规则写一处扣2分				
		字体规范整齐	12	字体不规范一处扣4分				
3	环保要求及其他	严格遵守环保要求；在规定时间内完成		工具、资料摆放不整齐、场地不清从总分中扣5分；每超时1min从总分中扣5分；超时2min停止操作				
合　计			100					

BCA003 丛书项的著录

(1)准备要求:

序号	名称	规格	数量	备注
1	图书 (属于丛书)		3种	
2	白纸 (或标准空白目录卡片)		1张(或卡片3个)	
3	钢笔		1支	

(2)操作程序说明:

① 确定书名页为著录根据;

② 著录责任者。

(3)考核规定说明:

① 如操作违章,将停止考核;

② 考核采用百分制,考核项目得分按组卷比例进行折算。

(4)考核方式说明:该项目为实际操作,以操作过程与操作标准进行评分。

(5)考核时限:同测量模块。

(6)配分、评分标准:

序号	考核内容	考核要点	配分	评分标准	检测结果	扣分	得分	备注
1	准备工作	钢笔	4	未准备扣4分				
2	操作程序	丛书项的结构内容及标识符号是——丛书名称/丛书编者;编号	21	未按规则写一处扣7分				
		丛书名称著录一般依书名与责任者项有关规则著录	21	未按规则写一处扣7分				
		丛书编者著录依书名与责任者项有关规定处理	21	未按规则写一处扣7分				
		丛书编号著录。丛书具有表示次第的文字及各种编号应照录。其前以“;”标识	21	未按规则写一处扣7分				
		字体规范整齐	12	字体不规范一处扣4分				
3	环保要求及其他	严格遵守环保要求;在规定时间内完成		工具、资料摆放不整齐、场地不清从总分中扣5分;每超时1min从总分中扣5分;超时2min停止操作				
合计			100					

高　级　工

第五部分　高级工理论知识试题

鉴定要素细目表

行业:石油天然气　　工种:图书管理员　　等级:高级工　　鉴定方式:理论知识

行为领域	代码	鉴定范围（重要程度比例）	鉴定比重	代码	鉴定点	重要程度	备注
基础知识 A 25%	A	图书馆学知识（06:04:01）	11%	001	图书馆业务的工作程序	X	
				002	图书馆事业的国际组织	X	
				003	图书馆学的研究对象	X	LS
				004	图书馆学的学科性质	X	
				005	图书馆学的研究内容	X	
				006	图书馆学的相关学科	Y	
				007	图书馆学的体系结构	Y	
				008	图书馆学的研究方法	Y	LS
				009	我国图书馆自动化的发展过程	Y	LS
				010	图书馆实现自动化的技术环境	X	
				011	图书馆自动化研究的内容	Z	
	B	文字、文体、语言学知识（03:02:01）	6%	001	四角号码检字法	Z	
				002	古汉语常用的虚词	Y	
				003	古汉语常用的句式	Y	
				004	文体知识的运用要求	X	JD
				005	语法知识的运用要求	X	
				006	修辞知识的运用要求	X	JD
	C	计算机知识（04:03:01）	8%	001	计算机输入设备的概念	Y	
				002	存储器的概念	X	JD
				003	中央处理器的概念	X	
				004	磁盘的使用方法	X	
				005	键盘的使用方法	Y	
				006	多媒体计算机的概念	X	LS
				007	多媒体的应用方法	Y	JD
				008	多媒体系统的构成方法	Z	

续表

行为领域	代码	鉴定范围（重要程度比例）	鉴定比重	代码	鉴定点	重要程度	备注
专业知识 B 75%	A	图书分类知识（04:03:01）	8%	001	借号法的概念	X	LS
				002	冒号分类法	Y	
				003	国际十进制分类法	Y	
				004	杜威十进制分类法	Z	
				005	书次号的编制方法	X	JD
				006	分类目录的概念	X	
				007	分类目录的组成	X	JD
				008	分类目录的编制方法	Y	
	B	图书编目知识（04:03:01）	8%	001	图书馆款目的结构	Y	
				002	图书馆款目的种类	Y	LS
				003	图书著录标目法	X	
				004	常用款目的编制方法	X	
				005	图书版本的确定	X	
				006	国际标准书号的结构	X	LS
				007	版权页	Y	JD
				008	参照的概念	Z	
	C	藏书建设知识（05:03:01）	9%	001	藏书的体系	X	LS
				002	科学技术图书馆藏书建设的特点	X	LS
				003	藏书补充调查研究的范围	X	JD
				004	我国文献资源调查的内容	Y	LS
				005	文献资源整体布局的模式	Y	
				006	文献资源整体布局的作用	Y	
				007	文献资源整体布局的原则	X	LS
				008	文献资源整体布局的模式类型	X	
				009	几个国家文献资源布局的特点	Z	
	D	书目工作知识（04:02:01）	7%	001	书目编纂法	X	
				002	书目编纂的准备工作	X	JD
				003	书目编纂的分析阶段	X	
				004	书目编纂的综合阶段	Y	
				005	书目工作的现代化意义	Z	
				006	书目情报服务的内容	Y	
				007	三次文献的概念	X	
	E	读者工作知识（04:02:01）	7%	001	典藏部门与读者的关系	X	
				002	信息咨询部门与读者的关系	X	JD
				003	技术服务部门与读者的关系	X	JD
				004	行政部门与读者的关系	Y	LS
				005	办理借书证的规定	Y	
				006	办理借阅手续的基本内容	X	
				007	图书拒借的含义	Z	

续表

行为领域	代码	鉴定范围（重要程度比例）	鉴定比重	代码	鉴定点	重要程度	备注
专业知识B 75%	F	图书馆立法知识（04:02:01）	7%	001	图书馆立法的概念	X	
				002	图书馆立法的意义	X	JD
				003	图书馆立法渊源的定义	X	
				004	图书馆法的国外渊源	Z	
				005	图书馆法的国内渊源	Y	JD
				006	图书馆立法的紧迫性	X	LS
				007	图书馆法的内容与形式的关系	Y	
	G	文献的计算机集成管理系统（08:05:02）	15%	001	计算机集成管理系统的构成	X	JD
				002	网络的基本内容	X	
				003	集成管理系统的形式	X	
				004	文献集成管理系统的维护	X	JD
				005	图书编目子系统的使用	X	
				006	图书流通管理子系统的使用	X	
				007	ILAS 系统的形式	X	
				008	GLIS 系统的形式	Y	
				009	MILIS 系统的形式	Y	
				010	美国 OCLC 系统的形式	Y	
				011	美国 INNOPAC 系统的形式	Y	
				012	机读目录的概念	X	LS
				013	数字图书馆的含义	Y	LS
				014	数字图书馆的体系结构	Z	
				015	我国数字图书馆的建设	Z	
	H	文献检索知识（08:04:02）	14%	001	工具书的分类	X	LS
				002	字词的查找方法	X	
				003	人物的查找方法	X	
				004	地理资料的查找方法	X	
				005	引文的查找方法	X	
				006	年代的查找方法	X	
				007	典章制度的查找方法	Y	
				008	书目的查找方法	X	
				009	统计资料的查找方法	X	
				010	科技文献检索的步骤	Y	JD
				011	专利文献检索的方法	Z	
				012	标准文献检索的方法	Z	
				013	事实与数据检索的方法	Y	
				014	计算机与国际联机检索	Y	

注：X—核心要素；Y——般要素；Z—辅助要素。

理论知识试题

一、选择题(每题4个选项,只有1个是正确的,将正确的选项号填入括号内)

1. AA001 不属于收集图书文献的原则的是（ ）。
(A) 思想性原则 (B) 科学性原则
(C) 分工协调的原则 (D) 艺术性原则

2. AA001 图书文献的流通方式主要有（ ）和阅览两种。
(A) 外借 (B) 展览 (C) 典藏 (D) 检索

3. AA001 个别登录是以每（ ）书为一个登录单位。
(A) 批 (B) 种 (C) 册 (D) 类

4. AA001 图书馆最基本的工作是:( )、整理、典藏、流通。
(A) 订购 (B) 选购 (C) 复制 (D) 收集

5. AA002 联合国教科文组织成立于（ ）年。
(A) 1930 (B) 1946 (C) 1948 (D) 1957

6. AA002 国际图书馆协会联合会(国际图联)的英文简称是（ ）。
(A) FID (B) ISO (C) IFLA (D) UNESCO

7. AA002 国际图联每（ ）年召开一次协会会员大会。
(A) 1 (B) 2 (C) 3 (D) 4

8. AA003 持图书馆学研究对象为“四要素”的学者是（ ）。
(A) 陶述先 (B) 杜定友 (C) 刘国钧 (D) 黄宗忠

9. AA003 图书馆学的研究对象是图书馆的特殊矛盾,这种学说称为（ ）。
(A) 事业说 (B) 图书馆说 (C) 交流说 (D) 矛盾说

10. AA003 图书馆学的研究对象既是具体的（ ）,又是整体的图书馆事业。
(A) 图书馆 (B) 图书 (C) 读者 (D) 文献

11. AA003 刘国钧是持图书馆学研究对象为（ ）的学者。
(A)“二要素” (B)“三要素” (C)“四要素” (D)“五要素”

12. AA004 图书馆学是（ ）的一门学科。
(A) 应用科学 (B) 管理科学 (C) 社会科学 (D) 应用性科学

13. AA004 从图书馆有大量的组织管理和技术方法问题这一角度出发,有人认为图书馆学是一门（ ）。
(A) 应用科学 (B) 管理科学 (C) 社会科学 (D) 应用性科学

14. AA004 从图书馆同许多学科发生交叉关系这一角度出发,有人认为图书馆学属于（ ）。
(A) 综合性科学 (B) 管理科学 (C) 应用科学 (D) 社会科学

15. AA005 理论图书馆学的研究内容是（ ）。
(A) 图书馆事业史 (B) 藏书建设学
(C) 图书馆管理学 (D) 图书分类学

16. AA005 应用图书馆学的研究内容是（ ）。

(A) 图书馆学原理　　(B) 图书馆学史
(C) 图书保护学　　(D) 图书馆未来学

17. AA005　图书保护学主要研究图书文献的（　）技术。
(A) 防虫　(B) 防潮　(C) 防老化　(D) 保护

18. AA005　图书保护学是（　）的研究内容。
(A) 图书馆管理学　　(B) 国际图书馆学
(C) 应用图书馆学　　(D) 理论图书馆学

19. AA006　图书馆学与情报学是（　）的相关学科。
(A) 同族关系　(B) 应用关系　(C) 交叉关系　(D) 间接关系

20. AA006　图书馆学与心理学是（　）的相关学科。
(A) 同族关系　(B) 应用关系　(C) 交叉关系　(D) 间接关系

21. AA006　图书馆学与教育学是（　）的相关学科。
(A) 同族关系　(B) 应用关系　(C) 交叉关系　(D) 间接关系

22. AA006　同族关系的相关学科是图书馆学与（　）。
(A) 图书馆管理学　(B) 情报学　(C) 图书保护学　(D) 图书研究学

23. AA007　理论图书馆学是研究图书馆学的基本（　）科学。
(A) 活动　(B) 方法　(C) 规律　(D) 理论

24. AA007　在学科结构中,纵向结构是指（　）的、隶属关系的、层次关系的结构。
(A) 线型　(B) 并列　(C) 邻接　(D) 交织

25. AA007　在学科结构中,横向结构是指（　）的、邻接的、交织的结构。
(A) 线型　(B) 并列　(C) 隶属　(D) 层次

26. AA007　研究图书馆学基本理论的科学是（　）。
(A) 现代图书馆学　　(B) 图书馆学
(C) 理论图书馆学　　(D) 图书馆学概论

27. AA008　运用比较方法对不同国家的图书馆事业进行比较,从而产生了（　）。
(A) 理论图书馆学　　(B) 国际图书馆学
(C) 比较图书馆学　　(D) 图书馆管理学

28. AA008　图书馆学研究,运用（　）可以形成各种概念、判断,建立起图书馆学学科的术语系统等。
(A) 哲学方法　　(B) 归纳与演绎方法
(C) 分析与综合方法　　(D) 历史方法

29. AA008　文献计量分析法和文献引文分析法是图书馆学研究的（　）。
(A) 专门方法　(B) 一般方法　(C) 综合方法　(D) 比较方法

30. AA008　图书馆学研究的专门方法是（　）和文献引文分析法。
(A) 文献分类法　　(B) 文献计量分析法
(C) 文献索引法　　(D) 文献查找法

31. AA009　我国图书馆自动化的发展起步于（　）年代。
(A) 60　(B) 70　(C) 80　(D) 90

32. AA009　我国图书馆自动化进入探索、应用时期的年代是（　）年代。
(A) 60　(B) 70　(C) 80　(D) 90

33. AA009　我国第一个计算机情报检索系统产生于（　）。
(A) 北京　(B) 上海　(C) 南京　(D) 天津

34. AA009　我国各图书馆所采用的自动化集成管理系统的来源主要有（　）研制、购买信息技术公司开发的成型产品和引进国外系统。
(A) 自行　(B) 外国　(C) 美国　(D) 日本

35. AA010　解决了文献情报远距离传递这个难题的是（　）。
(A) 存储技术　(B) 计算机技术　(C) 通信技术　(D) 印刷技术

36. AA010　计算机网络解决了文献（　）不均的矛盾。
(A) 分类　(B) 收藏　(C) 借阅　(D) 管理

37. AA010　解决了文献收藏不均的矛盾是（　）。
(A) 计算机　(B) 计算机网络　(C) 视听技术　(D) 视频技术

38. AA011　建立和开发一个图书馆自动化系统,必须具备的条件是（　）。
(A) 硬件、软件、人员
(B) 硬件、软件、数据库
(C) 硬件、软件、数据库和系统设计思想
(D) 硬件、软件、人员,数据库和系统设计思想

39. AA011　图书馆自动化的内容包括图书馆业务管理自动化和（　）。
(A) 办公自动化　(B) 流通管理自动化
(C) 情报检索自动化　(D) 文献采编自动化

40. AA011　图书馆自动化系统的核心是（　）,它是自动化系统的处理对象。
(A) 文献数据库　(B) 数据标准　(C) 应用软件　(D) 操作系统

41. AB001　新四角号码查字法分笔形为（　）种。
(A) 8　(B) 9　(C) 10　(D) 11

42. AB001　“端”字的取角号码为（　）。
(A) 0212　(B) 2012　(C) 0221　(D) 2021

43. AB001　“口”的四角号码代码是（　）。
(A) 2　(B) 4　(C) 5　(D) 6

44. AB002　“辍耕之垄上”中的“之”是（　）词。
(A) 代　(B) 助　(C) 动　(D) 语气

45. AB002　四个词中,不能单独做代词用的是（　）。
(A) 之　(B) 其　(C) 或　(D) 者

46. AB002　“魏武闻之,追杀此使”中的“追”在这里用做（　）词。
(A) 动　(B) 副　(C) 介　(D) 形容

47. AB002　“披发文身”中的“文”是（　）词。
(A) 形　(B) 动　(C) 代　(D) 助

48. AB003　“魏置相,相田文”是（　）句。
(A) 使动　(B) 意动　(C) 被动　(D) 主动

49. AB003　“陈胜者,阳城人也”中主语和谓语是（　）关系。
(A) 施事　(B) 受事　(C) 陈述　(D) 说明

50. AB003　“缘木求鱼,虽不得鱼,无后灾”,此句省略了（　）语。

(A) 主　(B) 谓　(C) 宾　(D) 定

51. AB004 《哥德巴赫猜想》是写陈景润的一篇文章，它属于（　）文。
(A) 记叙　(B) 应用　(C) 说明　(D) 抒情

52. AB004 属于我国古典四大名著之一的是（　）。
(A)《三言二拍》　(B)《醒世恒言》　(C)《三国演义》　(D)《聊斋志异》

53. AB004 白居易的《卖炭翁》属于（　）。
(A) 古风　(B) 律诗　(C) 词　(D) 乐府

54. AB004 《项链》的作者是法国的批判现实主义作家（　）。
(A) 莫里哀　(B) 莫泊桑　(C) 巴尔扎克　(D) 福楼拜

55. AB005 "你必须把资料带来！"此句是（　）。
(A) 陈述句　(B) 疑问句　(C) 感叹句　(D) 祈使句

56. AB005 "困难吓不倒石油工人"中"不倒"是（　）。
(A) 定语　(B) 补语　(C) 谓语　(D) 宾语

57. AB005 "这件产品设计得很科学"中"科学"是（　）。
(A) 名词　(B) 动词　(C) 形容词　(D) 代词

58. AB006 "不拿群众一针一线"是（　）。
(A) 明喻　(B) 暗喻　(C) 借喻　(D) 借代

59. AB006 "中国人民用小米加步枪，打垮了帝国主义在中国的统治"是（　）的借代修辞方法。
(A) 具体代抽象　(B) 抽象代具体　(C) 典型代一般　(D) 一般代典型

60. AB006 "你们是全中华民族的模范人物，是推动各方面人民事业胜利前进的骨干，是人民政府的可靠支柱和人民政府联系广大群众的桥梁"运用的修辞错误的一项是（　）。
(A) 比喻　(B) 排比　(C) 对比　(D) 层递

61. AC001 属于计算机输入设备的是（　）。
(A) 打印机　(B) 键盘，鼠标　(C) 显示器　(D) 磁盘

62. AC001 将数据由外界输入到计算机的设备是（　）。
(A) 控制器　(B) 输出设备　(C) 输入设备　(D) CPU

63. AC001 不属于计算机输入设备的是（　）。
(A) 扫描仪　(B) 键盘　(C) 绘图仪　(D) 鼠标

64. AC001 输入设备是外界向计算机传送（　）的装置。
(A) 信号　(B) 信息　(C) 数据　(D) 程序

65. AC002 存储器分为（　）两种。
(A) ROM，RAM　(B) 内存，外存　(C) 软盘，硬盘　(D) 主存，辅存

66. AC002 计算机存储信息的最小单位是（　）。
(A) 字节　(B) 字　(C) 位　(D) 簇

67. AC002 存储单位中，一个字节等于（　）位。
(A) 6　(B) 2　(C) 4　(D) 8

68. AC002 KB 表示的是（　）。
(A) 1000 个字节　(B) 1000 位　(C) 1024 位　(D) 1024 个字节

69. AC003　在计算机中最能体现计算机技术水平的关键器件是（　）。

（A）主板　（B）内存　（C）中央处理器　（D）硬盘

70. AC003　完成计算机算术、逻辑运算、数据传送和加工的硬件是（　）。

（A）计算器　（B）运算器　（C）控制器　（D）算术器

71. AC003　我们把（　）合称为中央处理器。

（A）运算器、控制器　（B）微处理器、运算器

（C）运算器、监视器　（D）存储器、控制器

72. AC003　运算器不能做的操作是（　）。

（A）数据传送　（B）数据移位　（C）指挥控制　（D）逻辑运算

73. AC004　常见软盘外框上有个矩形缺口,该口称为（　）。

（A）读写口　（B）定位缺口　（C）索引口　（D）写保护口

74. AC004　3 寸软盘的容量是（　）。

（A）1.44MB　（B）1.2MB　（C）1.44KB　（D）1.2KB

75. AC004　同一张软盘上（　）情况下,不可以存放文件名相同的两个文件。

（A）同盘同路径　（B）同盘异路径　（C）异盘同路径　（D）异盘异路径

76. AC005　在键盘使用中,能将插入点移到当前行行首的键是（　）。

（A）Pageup　（B）Home　（C）Pagedown　（D）End

77. AC005　键盘上的（　）键中文名称是上档键。

（A）Ctrl　（B）Home　（C）Shift　（D）Alt

78. AC005　在键盘使用中,起命令确认、换行功能的键是（　）。

（A）Enter　（B）Tab　（C）Backspace　（D）Ctrl

79. AC005　键盘上的（　）键是插入/改写键。

（A）Del　（B）Ins　（C）Tab　（D）Caps Lock

80. AC006　多媒体计算机系统是指具有多媒体功能的个人计算机系统,简称（　）。

（A）mc　（B）pc　（C）mp　（D）mpc

81. AC006　不属于多媒体系统具有的特点的是（　）。

（A）系统内容信息表示数字化

（B）运行联结方式多样

（C）系统能产生、存储和传播多媒体系统

（D）信息处理具备交互控制能力

82. AC006　不属于多媒体编辑软件的是（　）。

（A）Autorware　（B）Powerpoint　（C）方正奥思　（D）Word

83. AC006　多媒体演示文稿的内容可以包含（　）、图表、图像、声音、影片等。

（A）文件　（B）文本　（C）数据　（D）表格

84. AC007　在多媒体软件系统中,图形、图像、声音、动画和视频影像都以（　）形式保存在计算机中。

（A）数据信息　（B）软件　（C）数据文件　（D）数据系统

85. AC007　不属于计算机影像编辑软件基本功能的是（　）。

（A）提升图像品质　（B）改变文件格式

（C）调整修剪图片　（D）调整速度

86. AC007　CAI 指的是（　）教学。

（A）计算机课件　（B）计算机辅助　（C）计算机应用　（D）计算机

87. AC008　不属于多媒体外围设备的是（　）。

（A）电子摄像机　（B）电子照相机　（C）网络　（D）投影机

88. AC008　不属于多媒体通信产品的是（　）。

（A）可视电话　（B）光缆

（C）多媒体监控系统　（D）光盘机

89. AC008　光驱的性能指标有（　）。

（A）速度　（B）寻址时间

（C）数据传输率　（D）速度、寻址时间、数据传输率

90. AC008　四倍速光驱传输速率为每秒（　）。

（A）600KB　（B）400KB　（C）480KB　（D）800KB

91. BA001　采用数字层累制编号时，借用上位类号码来表示类目的编号方法称为（　）。

（A）双位制　（B）上位法　（C）八分法　（D）借号法

92. BA001　借号法中在同位类目超过（　）个时，借用该级类目的下位类号。

（A）8　（B）9　（C）10　（D）11

93. BA001　借号法为了缩短号码采用（　）位类目。

（A）同　（B）下　（C）高　（D）上

94. BA002　《冒号分类法》的简称是（　）。

（A）CC　（B）UDC　（C）DC　（D）LC

95. BA002　《冒号分类法》是（　）图书馆学家阮冈纳赞编制。

（A）英国　（B）美国　（C）巴基斯坦　（D）印度

96. BA002　《冒号分类法》根据学科体系把人类知识划分为（　）大类。

（A）42　（B）40　（C）41　（D）43

97. BA002　分面组类分类法的代表是（　）。

（A）《中国法》　（B）《双位法》

（C）《冒号分类法》　（D）《八分法》

98. BA003　《国际十进制分类法》标记制度采用单纯阿拉伯数字和（　）类号排列采用小数。

（A）八进制　（B）十进制　（C）二进制　（D）字母

99. BA003　《国际十进制分类法》是在（　）基础上发展起来的。

（A）《杜威法》　（B）《冒号法》　（C）《中图法》　（D）《科图法》

100. BA003　《国际十进制分类法》中辅助符号“十”，表示（　）。

（A）连续符号　（B）语文便分号　（C）并列符号　（D）类型复分号

101. BA003　《国际十进制分类法》中表示类型复分号的字符是（　）。

（A）+　（B）=　（C）0　（D）/

102. BA004　《杜威十进制法》简称（　）。

（A）DC　（B）LC　（C）UDC　（D）CC

103. BA004　《杜威十进制法》的类目表主表共有（　）大类。

（A）八　（B）九　（C）十一　（D）十

104. BA004 《杜威十进制法》类表结构中基本大类400的主要内容是（ ）。
(A) 文学 (B) 语言学 (C) 哲学 (D) 历史

105. BA004 《杜威十进制法》类表结构有类目表、（ ）和索引三部分组成。
(A) 标记符号 (B) 标记符 (C) 标记制度 (D) 标记代码

106. BA005 书次号是（ ）的组成部分，是用来确定同类图书先后排列次序的号码。
(A) 分类号 (B) 索书号 (C) 号码表 (D) 分类索书号

107. BA005 如一本图书1982年6月出版，按出版年代号编制的书次号应为（ ）。
(A) 82 (B) 8206 (C) 826 (D) 198206

108. BA005 在国外，西文图书通常用（ ）著者号码表。
(A) 克特 (B) 哈芙基娜 (C) 基特 (D) 哈芙娜

109. BA006 汉代的刘向、刘歆根据当时的国家藏书完成了我国第一部分类目录（ ）。
(A)《七略》 (B)《七志》
(C)《四库全书总目》 (D)《七录》

110. BA006 从知识体系方面揭示图书馆藏书内容的重要工具是（ ）。
(A) 指导片 (B) 分类目录 (C) 目录 (D) 款目

111. BA006 图书馆通过（ ）向读者揭示一个内在联系的藏书体系。
(A) 指导片 (B) 款目 (C) 分类目录 (D) 目录

112. BA006 分类目录是从（ ）方面揭示图书馆藏书内容的重要工具。
(A) 分类体系 (B) 文字体系 (C) 语言体系 (D) 知识体系

113. BA007 分类目录的（ ）用于揭示类目之间的各种关系。
(A) 主要分类款目 (B) 指导片
(C) 综合分类款目 (D) 参照片

114. BA007 用于揭示分类目录的结构及其类目的内容，推荐突出各类的重要著作的是（ ）。
(A) 参照片 (B) 分类号
(C) 指导片 (D) 组织、分类目录的依据

115. BA007 不属于我国古代主要使用的四分法分类体系目录的是（ ）。
(A)《四部目录》 (B)《四库全书总目》
(C)《中经新薄》 (D)《十三经索引》

116. BA008 分类法类目之间的关系，用等级形式表示（ ）关系。
(A) 从属 (B) 同一 (C) 相关 (D) 并列

117. BA008 新书分类查重用（ ）目录。
(A) 公务分类 (B) 公务书名 (C) 读者分类 (D) 读者书名

118. BA008 读者查阅某学科图书通常使用（ ）目录。
(A) 公务书名 (B) 公务分类 (C) 读者书名 (D) 读者分类

119. BB001 书名款目必须以书名作为款目结构中的（ ）部分。
(A) 著录正文 (B) 业务注记 (C) 著录标目 (D) 内容提要

120. BB001 款目结构中，对文献内容直接记载，对著录正文进行补充的是（ ）部分。
(A) 著录标目 (B) 业务注记 (C) 内容补充 (D) 内容提要

121. BB001 款目中开头的一项，并决定款目性质和它在目录中的排检次序的是（ ）。

(A) 著录正文　(B) 著录标目　(C) 内容提要　(D) 业务注记

122. BB001 款目的结构分为( )四个部分。
(A) 排格次序、附注项、内容提要、业务注记
(B) 排格次序、著录正文、内容记载、登录号
(C) 著录标目、附注项、内容提要、登录号
(D) 著录标目、著录正文、内容提要、业务注记

123. BB002 传统著录将款目从性质上分为( )款目。
(A) 主要、附加、分析、综合　(B) 书名、著者、分类、主题
(C) 主要、辅助、分析、综合　(D) 书名、著者、分析、主体

124. BB002 传统著录对款目采用多层次的划分，首先从编目程序上区分为( )款目。
(A) 基本、辅助　(B) 主要、次要　(C) 基础、附加　(D) 综合、辅助

125. BB002 标准著录对款目进行划分，著录方法区分为( )著录。
(A) 主要、附加、分析　(B) 基本、综合、分析
(C) 主要、辅助、分析　(D) 书名、著者、分析

126. BB003 为使著录标目统一，并具有广泛的群众基础，一般以( )为原则。
(A) 常用　(B) 惯用
(C) 通用　(D) 常用、惯用、通用

127. BB003 从文献内容和形式的某一特征指引排检款目用的著录项目是( )。
(A) 特征标目　(B) 著录标目　(C) 著录排检　(D) 特征排检

128. BB003 著录标目是根据款目的标目字顺顺序或( )就可组织或检索目录。
(A) 分类号码　(B) 标目形式　(C) 文献形式　(D) 文献内容

129. BB003 在标准著录中，各类型标目无主次之分，只涉及( )问题。
(A) 标目的选择、标目的统一　(B) 标目的分类、标目的统一
(C) 标目的选择根据、标目的统一　(D) 标目的选择、标目的分类

130. BB004 常用款目的编制均是在( )款目的基础上，按照著录标目法原理分别加上书名、责任者、主题词和分类号构成标目。
(A) 主题　(B) 标准　(C) 分类　(D) 通用

131. BB004 在同一种目录里利用书的次要特征为标目的款目是( )款目。
(A) 次要　(B) 附加　(C) 辅助　(D) 特征

132. BB004 款目的编制按照著录标目法原理，分别加上( )构成标目。
(A) 书名、责任者　(B) 责任者、分类号
(C) 书名、责任者、主题词、分类号　(D) 书名、主题词、分类号

133. BB004 在同一种目录里利用图书的主要特征为标目的款目是( )款目。
(A) 主要　(B) 特征　(C) 主体　(D) 目录

134. BB005 书籍内容有较多增补和修订后重新印制的版本是( )。
(A) 新一版　(B) 修订本　(C) 再版本　(D) 增订本

135. BB005 书籍内容经过增删或重大修改后重印的版本是( )。
(A) 再版本　(B) 修订本　(C) 增订本　(D) 新一版

136. BB005 利用原纸型再次印刷的书是( )。
(A) 再版本　(B) 新一版　(C) 重印本　(D) 增订本

137. BB005 某出版社第一次出版由另一出版社转移而来的已出版过的图书所形成的新的版本是（ ）。

（A）新一版 （B）转版本 （C）重版本 （D）再版本

138. BB006 不在国际标准书号编号范围的印刷品是（ ）。

（A）日志 （B）微型出版物 （D）盲人出版物 （D）机读磁带

139. BB006 某书国际标准书号是“ISBN 7－5017－0312－5”其中“0312”表示（ ）。

（A）中国组号 （B）出版者书目文献出版社的代号

（C）此种图书的序号 （D）校验码

140. BB006 某书国际标准书号是“ISBN 7－5013－0433－5”,其中“5013”表示（ ）。

（A）中国组号 （B）出版者书目文献出版社的代号

（C）此种图书的序号 （D）校验码

141. BB006 国际标准书号中用“2～10”这九个数,分别乘ISBN的“1～9”位数,称为（ ）。

（A）校验码 （B）序号 （C）加权 （D）总数

142. BB007 图书印刷的次数是（ ）。

（A）版次 （B）印次 （C）版权页 （D）版本记录页

143. BB007 图书制版的次数是（ ）,表示图书出版的先后次第。

（A）版次 （B）印次 （C）版本记录页 （D）版权页

144. BB007 关于图书出版情况的历史性记录是（ ）,通常附在封底或末页。

（A）记录页 （B）版本页 （C）版本记录页 （D）封底页

145. BB007 印次是图书印刷的（ ）。

（A）质量 （B）页数 （C）级别 （D）次数

146. BB008 指引读者从书目中的一条标目或一部分去查询另一部分的方法是（ ）。

（A）参考 （B）查询 （C）参照 （D）参查

147. BB008 参照按其作用来分有（ ）三种形式。

（A）简单、相关、复杂 （B）单纯、相关、复杂

（C）单纯、相关、一般 （D）简单、相关、一般

148. BB008 参照按其用在不同目录来划分有（ ）四种形式。

（A）书形、著者、类别、主体 （B）书名、著者、类目、主题

（C）书名、著者、类别、主题 （D）书形、著者、类目、主体

149. BC001 一般的图书馆,将藏书划分为（ ）藏书、辅助藏书和专门藏书三大部分。

（A）重要 （B）基本 （C）一般 （D）专业

150. BC001 基本藏书,是图书馆的（ ）书库,全馆藏书的基础。

（A）主要 （B）一般 （C）辅助 （D）重要

151. BC001 专门藏书也称特藏书库,在一定程度上反映一个图书馆的藏书（ ）。

（A）数量 （B）特色 （C）质量 （D）手段

152. BC002 属于科学技术图书馆藏书建设特点的是（ ）。

（A）综合性强 （B）时代性强 （C）利用率高 （D）专业性强

153. BC002 科技图书馆不仅要收藏传统的（ ）型文献,还要注意收藏缩放、视听和机读文献。

（A）印刷 （B）专著 （C）期刊 （D）论文

154. BC002　不属于科学技术图书馆藏书建设的特点的是（　）。
（A）专业性强　（B）情报价值高　（C）教育性强　（D）学术性强
155. BC003　不属于图书的来源的是（　）。
（A）公开发行　（B）内部交流　（C）交换　（D）借阅
156. BB003　对个别图书的研究和鉴别，采用浏览方式首先了解图书的（　）。
（A）书名　（B）著者　（C）内容提要　（D）出版记录
157. BC003　不属于藏书补充的方式是（　）。
（A）征集　（B）预订　（C）收购　（D）交换
158. BC003　收购不属于（　）的方式。
（A）藏书来源　（B）藏书分类　（C）藏书索引　（D）藏书补充
159. BC004　文献资源调查方案的调查对象是（　）。
（A）图书馆　（B）文献馆
（C）图书馆、文献馆、情报资料室　（D）情报资料室
160. BC004　文献资源的调查研究中，汇集全国文献收藏达到研究水平的图书情报单位状况的指南是（　）。
（A）《文献资源利用指南》　（B）《全国文献资源指南》
（C）《文献资源指南》　（D）《全国文献资源利用指南》
161. BC004　我国文献资源调查的第一个阶段是（　）。
（A）调查研究　（B）文献资源分析
（C）文献资源开发利用　（D）制定具体方案
162. BC004　不属于文献资源调查的内容是（　）。
（A）本单位基本情况
（B）本单位研究级学科文献收藏的状况
（C）本单位的特色收藏
（D）本单位的资源布局情况
163. BC005　我国文献资源整体布局模式中第三级是（　）布局。
（A）系统　（B）国家级　（C）省、自治区　（D）地区级
164. BC005　我国文献资源布局层次中，不属于国家级的是（　）。
（A）北京图书馆　（B）国家档案馆
（C）中国专利局专利文献馆　（D）党校图书馆
165. BC005　我国文献资源布局采用三级布局的方法，即（　）。
（A）国家级、地区级、系统级　（B）国家级、系统级、专业部级
（C）国家级、专业部级、地区级　（D）地区级、专业部级、系统级
166. BC006　文献资源整体布局能建立起完备的全国文献资源保障体系，最大限度地满足社会用户对（　）的需求。
（A）文章　（B）文摘　（C）文献　（D）资料
167. BC006　文献资源整体布局能有效地向社会提供服务，更好地发挥文献资源的社会效益，真正体现文献的（　）。
（A）实用性　（B）使用价值　（C）利用率　（D）作用
168. BC006　文献资源布局要具有（　），便于形成网络。

(A) 层次性　(B) 技术性　(C) 链接性　(D) 相关性

169. BC007　文献资源布局要与国家的（　）发展相适应。
(A) 国民经济　(B) 科学、教育文化事业
(C) 国民经济、科学、教育文化事业　(D) 教育文化事业

170. BC007　综合统计要求统计到图书馆借阅书刊读者的（　）人次。
(A) 总　(B) 周　(C) 月　(D) 年

171. BC007　藏书统计的根据是（　）。
(A) 总括登记账　(B) 个别登记账　(C) 统计报表　(D) 调查报表

172. BC007　总括登记账是（　）的根据。
(A) 藏书补充　(B) 藏书统计　(C) 藏书分类　(D) 藏书索引

173. BC008　文献资源布局中由少数几个国家级图书馆按照文献的类型,集中收藏并建立专门文献信息中心的是（　）模式。
(A) 集中型　(B) 文献类型集中型
(C) 分散型　(D) 地区协调型

174. BC008　文献资源布局以国家级图书馆为核心,进行文献资源布局的是（　）布局模式。
(A) 集中型　(B) 文献类型集中型
(C) 分散型　(D) 地区协调型

175. BC008　1942 年到 1972 年由 60 家研究性图书馆参加的（　）合作计划,进行文献资源布局工作,起到了重大作用。
(A) 法顿　(B) 海明顿　(C) 海顿　(D) 法明顿

176. BC009　1957 年制定并实施的一项国际合作采购藏书的“斯堪的亚计划”,主要参加国是（　）。
(A) 美国、瑞典、英国、丹麦　(B) 挪威、美国、芬兰、英国
(C) 挪威、瑞典、芬兰、丹麦　(D) 美国、瑞典、英国、芬兰

177. BC009　美国图书馆与情报科学委员会于 70 年代提出了一个（　）计划,把期刊划分三级。
(A) 国家期刊　(B) 期刊管理　(C) 国家文献　(D) 期刊分级

178. BC009　美国“国家期刊计划”把期刊划分的第二级的内容是（　）。
(A) 由地区性的基本层图书馆组成　(B) 由新建的国家期刊中心组成
(C) 由国家图书馆组成　(D) 由研究性的图书馆组成

179. BD001　书目编纂法就是运用各种手段,将分散的一次文献编成为有序的,可以（　）的二次文献。
(A) 联系　(B) 传递　(C) 延伸　(D) 独立

180. BD001　书目编纂的对象是（　）。
(A) 图书　(B) 期刊　(C) 文献　(D) 资料

181. BD001　书目编纂过程中,首先要确定书目的（　）。
(A) 形式　(B) 内容　(C) 特点　(D) 主题

182. BD001　文献是（　）的对象。
(A) 书目编纂　(B) 书目工作　(C) 文献编排　(D) 文献排版

183. BD002　正确选择书目的（　）是编制书目的重要步骤。

(A) 内容　(B) 形式　(C) 主题　(D) 特点

184. BD002　制定书目编纂方案时,要对书目选题现实性和可行性进行( )。

(A) 比较　(B) 论证　(C) 分析　(D) 研究

185. BD002　文献的调查和搜集是编纂的( )。

(A) 方法　(B) 步骤　(C) 过程　(D) 基础

186. BD002　编纂的基础是( )的调查和搜集。

(A) 文献　(B) 书目　(C) 期刊　(D) 资料

187. BD003　书目编纂的分析阶段,实质上是对原始文献中的情报进行( )的过程。

(A) 分析　(B) 研究　(C) 凝聚　(D) 归类

188. BD003　在书目中揭示文献内容的基本手段之一是正确地、充分地运用( )。

(A) 书名项　(B) 内容提要　(C) 出版项　(D) 出版提要

189. BD003　揭示文献情报信息的重要手段是( )的著录。

(A) 书名　(B) 版式本项　(C) 丛书项　(D) 书目

190. BD003　书目的著录揭示了文献( )的重要手段。

(A) 情报信息　(B) 标准　(C) 分类　(D) 编辑

191. BD004　文献收录的时限,简单科技文献一般以( )年为限,以保证其新颖性。

(A) 五至七　(B) 四至六　(C) 三至五　(D) 六至八

192. BD004　文献的编排和组织是从查寻文献阶段的( )编排开始,一直到编排结束。

(A) 准备　(B) 初步　(C) 已经　(D) 正式

193. BD004　文献选择是书目编纂工作( )阶段的重要工序。

(A) 总结　(B) 综合　(C) 归纳　(D) 汇总

194. BD005　书目工作现代化标志着书目工作进入了一个新的( )阶段。

(A) 发展　(B) 历史　(C) 纪元　(D) 飞跃

195. BD005　书目工作( )化,为整个文献工作的现代化奠定了基础。

(A) 系统　(B) 科学　(C) 现代　(D) 序列

196. BD005　书目工作现代化是以现代化科学技术的发展为( ),并为现代科学文化服务的。

(A) 前提　(B) 准则　(C) 标志　(D) 依据

197. BD006　不属于情报服务的项是( )。

(A) 编纂　(B) 传递　(C) 检索　(D) 登录

198. BD006　指导读者利用各种书目参考工具,向读者宣传书目知识是( )。

(A) 培养读者的书目情报意识　(B) 直接为读者服务的方式

(C) 书目情报服务的重要内容　(D) 未经提供的书目情报服务

199. BD006　建立统一的书目参考工具体系,并使之不断完善,这是书目情报服务的重要( )。

(A) 规律　(B) 内容　(C) 方式　(D) 办法

200. BD007　人们在利用二次文献的基础上,检索并选用大量的一次文献,经过系统的阅读、分析、研究、综合、整理纂写而成的文献称为( )。

(A) 零次文献　(B) 一次文献　(C) 二次文献　(D) 三次文献

201. BD007　综述属于( )次文献。

(A) 零　(B) 一　(C) 二　(D) 三

202. BD007　评论属于（　）次文献。
(A) 零　(B) 一　(C) 二　(D) 三

203. BE001　图书馆的总管家是（　）部门。
(A) 编目　(B) 行政　(C) 典藏　(D) 阅览

204. BE001　图书馆中主要负责文献调配、剔旧、修补、清点的部门是（　）。
(A) 技术部　(B) 参考咨询部　(C) 教研室　(D) 典藏部门

205. BE001　图书馆中,管理基本书库和保存书库,建立全馆文献的财产账目的工作部门是（　）部门。
(A) 编目　(B) 阅览　(C) 流通　(D) 典藏

206. BE001　典藏部门掌管全部馆藏文献的进出、取舍,是（　）的总管家。
(A) 图书分类　(B) 图书馆　(C) 图书服务　(D) 图书阅览

207. BE002　体现图书馆信息服务水平的是（　）部门。
(A) 技术服务　(B) 阅览　(C) 流通　(D) 信息咨询

208. BE002　图书馆是通过文献交流来促进社会知识交流的机构,具有（　）职能。
(A) 情报和储存　(B) 收集和储存　(C) 传递和情报　(D) 情报和教育

209. BE002　图书馆中,收集、保管、整理必要的情报资料,为读者提供辅导的部门是（　）部门。
(A) 信息咨询　(B) 阅览　(C) 流通　(D) 典藏

210. BE003　不属于图书馆技术服务部门主要负责的工作是（　）。
(A) 文献复印、复制　(B) 馆际互借
(C) 视听资料使用和管理　(D) 自动化系统的管理、维护和升级

211. BE003　现代化图书馆的技术保障部门是（　）部门。
(A) 行政　(B) 阅览　(C) 信息咨询　(D) 技术服务

212. BE003　图书馆中,负责文献复印,复制及视听资料的使用和管理的部门是（　）部门。
(A) 信息咨询　(B) 阅览　(C) 流通　(D) 技术服务

213. BE004　负责制定岗位责任制、奖惩条例及各项规章制度的部门是（　）部门。
(A) 行政　(B) 典藏　(C) 流通　(D) 阅览

214. BE004　负责工作人员的考核和晋升的部门是（　）部门。
(A) 行政　(B) 信息咨询　(C) 技术服务　(D) 编目

215. BE004　读者若有诸如参观图书馆等事宜应该与（　）部门联系。
(A) 阅览　(B) 行政　(C) 典藏　(D) 信息咨询

216. BE005　图书馆办理借书证规定所借图书必须按期归还,如需继续使用,须办理（　）手续。
(A) 押金　(B) 登记　(C) 续借　(D) 转借

217. BE005　图书馆借书制度规定量少而多数读者急需的图书及字典（　）外借。
(A) 领导审批后可以　(B) 一律不
(C) 可以　(D) 交押金后可以

218. BE005　高校学生办借书证以（　）为单位,收齐照片及押金后统一办理。
(A) 个人　(B) 班级　(C) 学院　(D) 系

219. BE006　读者持借书证和所借图书到图书馆还书处还书属于（　）还书手续。
(A) 传统　(B) 一般　(C) 现代　(D) 普通

220. BE006　读者根据所借图书的记录卡或图书馆的通知单到图书馆还书的方式是（　）还书手续。
(A) 一般　(B) 现代　(C) 普通　(D) 传统

221. BE006　现代借阅方式利用计算机不能显示出（　）。
(A) 是否超期　(B) 借书册数　(C) 书证是否挂失　(D) 是否续借

222. BE006　传统借阅方式主要应用于（　）借书。
(A) 开架　(B) 闭架
(C) 闭架和部分开架　(D) 半开架

223. BE007　不属于图书馆拒借现象的主观原因是（　）方面。
(A) 采购　(B) 编目　(C) 分类　(D) 流通

224. BE007　拒借数量在全部借书数量中所占的比例叫（　）率。
(A) 拒借　(B) 借阅　(C) 阅读　(D) 借出

225. BE007　拒借率是拒借数量（　）。
(A) 在阅览数量中所占的比例　(B) 与阅览数量的值
(C) 在全部借书数量中所占的比例　(D) 在全部书数量中所占的比例

226. BF001　图书馆立法,图书馆事业的地位发展就受到了（　）的保护。
(A) 党政　(B) 企事业　(C) 人民　(D) 法律

227. BF001　对图书馆进行合理管理,需依靠（　）作保障。
(A) 领导　(B) 馆员　(C) 图书馆法　(D) 当地政府

228. BF001　图书馆法是图书馆系统以（　）为基础,结合图书馆具体情况所制定和实施的有法律效力的社会规范。
(A) 劳动法　(B) 宪法　(C) 刑法　(D) 岗位规范

229. BF002　社会主义的物质文明和精神文明在图书馆工作中靠（　）来实现。
(A) 规章制度　(B) 岗位规范　(C) 图书馆法　(D) 领导群众

230. BF002　正确运用图书馆法,不仅能提高图书馆管理活动的效益,还可以不断地（　）图书馆管理系统自身的发展。
(A) 完善和健全　(B) 协调和整顿　(C) 推动和促进　(D) 加强和提高

231. BF002　图书馆系统是按照一定结构组成的（　）复合体,离不开法制管理。
(A) 开放动态　(B) 多因素的　(C) 可适应的　(D) 可控制的

232. BF003　法律渊源与法学上所称的法律形式是（　）。
(A) 同义的　(B) 异义的　(C) 无关的　(D) 有关的

233. BF003　法律一词泛指由国家制定或认可并由国家强制力保证实施的（　）。
(A) 组织纪律　(B) 国家制度　(C) 行为准则　(D) 行为规范

234. BF003　不属于为图书馆而制定的法律渊源的是（　）。
(A) 宪法　(B) 条例　(C) 规则　(D) 章规

235. BF004　英国图书馆法规定的最低标准是:4 万人以下地区,人均应有图书馆藏书（　）册。
(A) 1　(B) 1.5　(C) 2　(D) 2.5

236. BF004　联合国教科文组织在1971年发起并组织了“世界科学技术情报系统”简称（　）。

(A) UNISISIT　(B) UNISIT　(C) UNISST　(D) UNISIST

237. BF004　国际图联在1979年提出“出版物世界共享”规划，简称（　）。

(A) UEP　(B) USP　(C) UAP　(D) UOP

238. BF004　美国国会于（　）年制定了第一个国家级《图书馆服务工作法案》。

(A) 1946　(B) 1956　(C) 1976　(D) 1986

239. BF005　教育部于（　）年颁发了《中华人民共和国高等学校图书馆工作条例》。

(A) 1951　(B) 1961　(C) 1971　(D) 1981

240. BF005　文化部于（　）年颁发了《省(自治区、市)图书馆工作条例》

(A) 1962　(B) 1972　(C) 1982　(D) 1992

241. BF005　《图书情报工作暂行条例(试行草案)》是于1978年（　）颁布的。

(A) 国务院　(B) 文化部　(C) 中国科学院　(D) 教育部

242. BF005　《京师图书馆及各省图书馆通行章程》是一部总体性图书馆法规，它产生于我国历史上的（　）。

(A) 宋朝　(B) 元朝　(C) 明朝　(D) 清朝

243. BF006　图书馆法是由国家立法机关依据一定的法律程序制定或认可的有关图书馆事业和(　)的专门法规。

(A) 藏书　(B) 业务　(C) 图书馆活动　(D) 组织

244. BF006　图书馆法具有法制性、规范性、(　)、稳定性等特点。

(A) 统一性　(B) 过渡性　(C) 概括性　(D) 系统性

245. BF006　英国于1850年颁布的世界第一部全国性公共图书馆法是（　）。

(A)《公共图书馆和博物馆法》　(B)《图书馆法》

(C)《不列颠图书馆法》　(D)《公共图书馆法》

246. BF006　图书馆法是国家领导、(　) 和发展图书馆事业的重要手段。

(A) 组织　(B) 建设　(C) 管理　(D) 保证

247. BF007　现代图书馆的法律形式呈现出了（　）的特点。

(A) 信息化　(B) 多元化　(C) 社会化　(D) 系统化

248. BF007　图书馆的法律内容和形式之间的关系是（　）关系。

(A) 从属　(B) 相对　(C) 主次　(D) 辨证统一

249. BF007　图书馆法的(　)直接体现国家的图书馆政策。

(A) 手段　(B) 内容　(C) 规律　(D) 形式

250. BG001　集成管理系统的重要组成部分是（　）。

(A) 数据库　(B) 硬件系统　(C) 管理系统　(D) 操作系统

251. BG001　由计算机参与处理图书馆的采访事务是（　）管理子系统。

(A) 文献编目　(B) 文献采访　(C) 文献外借　(D) 连续出版物

252. BG001　依照机读目录标准及有关规范，建立图书馆中央书目数据库和预编库的是（　）管理子系统。

(A) 文献采访　(B) 文献编目

(C) 文献流通　(D) 联机书目检索

253. BG002 在有限地理范围内把一些计算机联接成网的是（ ）形式。

(A) 局域网 (B) 广域网 (C) 城域网 (D) 多机系统

254. BG002 广域网的英文缩写是（ ）。

(A) LAN (B) WAN (C) RON (D) MAN

255. BG002 计算机网络的核心用途是资源共享，主要包括（ ）共享。

(A) 文件、软件、硬件 (B) 软件、机器、数据

(C) 数据、软件、硬件 (D) 资料、程序、硬件

256. BG002 网络硬件中，可以进行数据信号和模拟信号转换的是（ ）。

(A) 调制解调器 (B) 网关 (C) 中继器 (D) 网卡

257. BG003 在文献集成管理系统中的计算机多指（ ）。

(A) 小型机 (B) 小型机和微型机

(C) 微型机 (D) 巨型机

258. BG003 自动化系统"集成图书馆系统"来源于（ ）。

(A) 中国 (B) 美国 (C) 英国 (D) 法国

259. BG003 不属于文献集成管理系统设计应考虑的要素是（ ）。

(A) 完整性 (B) 即时性 (C) 可靠性 (D) 易维护性

260. BG004 文献集成管理系统对设备的维护包括（ ）的维护。

(A) 计算机 (B) 网络

(C) 网络、外设 (D) 计算机、外设、网络

261. BG004 文献集成管理系统维护工作的主要内容包括（ ）。

(A) 程序维护和升级

(B) 程序维护和升级、设备维护、数据文件维护

(C) 设备维护、数据文件维护

(D) 设备维护

262. BG004 不属于文献管理系统维护工作的是（ ）。

(A) 系统设备维护 (B) 数据文件维护

(C) 系统程序扩充 (D) 计算机维护

263. BG005 能够完成两项或两项以上任务的计算机管理系统为（ ）系统。

(A) 集成管理 (B) 多任务管理 (C) 集成 (D) 控制管理

264. BG005 图书馆自动化工作的核心部分是（ ）系统。

(A) 计算机图书编目 (B) 计算机采访子

(C) 图书情报集成 (D) 计算机书目检索子

265. BG005 利用计算机编制图书目录的工作及使用的设备、技术流程统称为（ ）子系统。

(A) 图书编目 (B) 编目

(C) 计算机图书编目 (D) 计算机编目

266. BG005 计算机图书编目是图书馆自动化工作的（ ）部分。

(A) 编程 (B) 核心 (C) 输出 (D) 控制

267. BG006 图书上黑白，粗细间隔不等的线条图形称为（ ），体现了每一种书的信息。

(A) 条形码 (B) 阅读字符 (C) 类型符 (D) ISBN 号

268. BG006 图书流通管理子系统运行过程中要反复输入的主要数据有（ ）。

(A) 图书编号　(B) 图书编号和读者借书证号
(C) 读者借书证号　(D) 图书条形码

269. BG006 文献集成管理系统中,处于图书馆第一线的系统是( )子系统。
(A) 图书编目　(B) 图书流通管理
(C) 计算机采访　(D) 期刊管理

270. BG007 ILAS 是( )年开发研制出来的。
(A) 1987　(B) 1988　(C) 1978　(D) 1989

271. BG007 ILAS 是( )。
(A) 深圳图书馆自动化系统　(B) 深圳图书馆自动化
(C) 深圳图书馆　(D) 深圳图书馆自动化集成系统

272. BG007 图书流通系统有( )系统、脱机批处理系统和联机系统三种运行方式。
(A) 复杂　(B) 混合　(C) 批处理　(D) 简单

273. BG008 GLIS 北京息洋通用图书馆集成系统由( )个子系统组成。
(A) 4　(B) 5　(C) 6　(D) 7

274. BG008 GLIS 是北京( )。
(A) 息洋通用图书馆集成系统　(B) 通用图书馆
(C) 息洋图书馆系统　(D) 通用图书馆集成系统

275. BG008 GLIS 北京息洋通用图书馆集成系统的每个子系统都采用了( )存储格式。
(A) CNMARC　(B) LCMARC　(C) CNMARCR　(D) MARC

276. BG009 MILIS 是上海交通大学( )。
(A) 图书馆　(B) 集成管理系统
(C) 图书馆系统　(D) 图书馆集成管理系统

277. BG009 MILIS 上海交大图书馆集成管理系统适用于( )型图书馆。
(A) 中　(B) 小　(C) 中小　(D) 大

278. BG009 上海交大 MILIS 图书馆集成管理系统主要以关系型数据库管理系统和( )型数据库管理系统为基础。
(A) 直线　(B) 控制　(C) 直接　(D) 网状

279. BG010 美国 OCLC 计算机联合联机编目系统,初建于( )年。
(A) 1966　(B) 1967　(C) 1976　(D) 1977

280. BG010 世界上同类数据库中最大的是( )联合目录库。
(A) ILAC　(B) MILIS　(C) OCLC　(D) INNOPAC

281. BG010 不属于美国 OCLC 系统的子系统是( )子系统。
(A) 联合　(B) 采购　(C) 馆际互借　(D) 期刊管理

282. BG010 OCLC 联合目录库是世界上同类数据库中( )的。
(A) 最小　(B) 中等　(C) 较小　(D) 最大

283. BG011 美国 INNOPAC 是完全集成的图书馆系统,开发于( )年。
(A) 1978　(B) 1979　(C) 1988　(D) 1989

284. BG011 不属于美国 INNOPAC 图书馆集成系统支持的任务是( )。
(A) 流通　(B) 买入图书　(C) 采访　(D) 期刊控制

285. BG011 不属于美国 INNOPAC 图书馆集成系统的用户是( )图书馆。

(A) 省级　(B) 专业性　(C) 研究性　(D) 高校

286. BG012　机读目录也叫机器能读目录或机器可读目录,英文缩写为（　）。
(A) MAP　(B) MANU　(C) MARC　(D) MAR

287. BG012　计算机能够识别的一种目录,是（　）目录,将书目文字信息转换成“0”、“1”代码记录在计算机存储载体上。
(A) 计算机　(B) 机读　(C) 机器　(D) 自动化

288. BG012　不属于机读目录(MARC)主要用途的是（　）。
(A) 选书　(B) 建立图书订购文档
(C) 订制格式　(D) 编目

289. BG012　不属于 MARC(机读目录)系统功能的是（　）系统。
(A) MARC 输入　(B) MARC 检索　(C) MARC 存储　(D) MA 编目

290. BG013　图书馆内部环境和（　）环境的变革,推动了图书馆的发展和演化。
(A) 社会　(B) 政治　(C) 文化　(D) 经济

291. BG013　第一届数字图书馆国际会议在（　）国举办。
(A) 英　(B) 美　(C) 日本　(D) 法

292. BG013　一般来说,数字图书馆有（　）大功能。
(A) 三　(B) 四　(C) 五　(D) 六

293. BG014　数字图书馆的信息是由经过数字技术处理的（　）元素组成。
(A) 数据　(B) 信息　(C) 标识符　(D) 调度码

294. BG014　数字图书馆体系结构的基本单位是（　）。
(A) 元数据　(B) 数字对象　(C) 数字资料　(D) 对象集

295. BG014　数字图书馆的体系结构以（　）个简单概念为依据。
(A) 一　(B) 二　(C) 三　(D) 四

296. BG015　“211 工程”以（　）为依托,建立文献信息资源互联网络。
(A) ChinaNet　(B) CERNET　(C) ChinaGBN　(D) CSTNET

297. BG015　建设数字图书馆主要涉及到中文（　）技术和中文全文检索技术。
(A) 汉字输入　(B) 汉字编码　(C) 信息处理　(D) 语音识别

298. BG015　由文化部组织,几馆联合承担国家计委重点科技项目“中国实验型数字式图书馆”开始于（　）年。
(A) 1993　(B) 1994　(C) 1995　(D) 1996

299. BH001　不属于工具书的是（　）。
(A) 字典　(B) 词典　(C)《唐诗三百首》(D) 百科全书

300. BH001　专门记载典章制度的工具书是（　）。
(A) 类书　(B) 政书　(C) 年鉴　(D) 手册

301. BH001　汇编一年内重要时事文献和统计资料的工具书是（　）。
(A) 手册　(B) 图录　(C) 年鉴　(D) 表谱

302. BH001　属于书本式目录、索引和文摘工具的工具书是（　）。
(A)《辞海》　(B)《化工辞典》
(C)《中文科技资料目录》　(D)《科学年鉴》

303. BH002　查找一般的古词语用（　）。

(A)《新华字典》 (B)《康熙字典》 (C)《辞源》 (D)《辞海》

304. BH002 查找冷僻字、异体字、俗体字可以用（ ）。
(A)《新华字典》 (B)《康熙字典》 (C)《辞源》 (D)《辞海》

305. BH002 查找现代汉语词汇可以用（ ）。
(A)《康熙字典》 (B)《辞源》
(C)《中华大字典》 (D) 现代汉语词典

306. BH003 《中国人名大辞典》不可以查找（ ）。
(A) 人物姓氏 (B) 字号 (C) 别名 (D) 行第

307. BH003 遇到同姓名的历史人物时,可查找（ ）。
(A)《古今同姓名大辞典》 (B)《中国历史纪年表》
(C)《唐人行第录》 (D)《现代中国作家笔名录》

308. BH003 《古今人物别名索引》可以查找人物的（ ）。
(A) 生平事迹 (B) 室名别号 (C) 历史资料 (D) 家谱

309. BH004 地名辞典是专门汇释（ ）名称的工具书。
(A) 地理 (B) 政府 (C) 名胜 (D) 人物

310. BH004 查考中外地名时,尽量使用综合性工具书（ ）,如查不到,再利用地名辞典。
(A)《辞源》 (B)《辞海》
(C)《现代汉语词典》 (D) 年鉴

311. BH004 查考我国古代地理沿革,除有关地名辞典外,还有（ ）。
(A) 地理志 (B) 郡国志 (C) 地方志 (D) 历代沿革表

312. BH005 诗文中引用的古代故事和有来历出处的词语称为（ ）。
(A) 典故 (B) 引文 (C) 俗语 (D) 谚语

313. BH005 查找引文典故时优先考虑的工具书是（ ）。
(A) 目录 (B) 年鉴 (C) 辞书 (D) 手册

314. BH005 查找引文典故的重要工具书是（ ）。
(A) 类书 (B) 政书 (C) 字典 (D) 年鉴

315. BH005 类书是查找（ ）的重要工具书。
(A) 年代 (B) 引文典故 (C) 地理 (D) 人物

316. BH006 《中国历史纪年表》的编者是（ ）。
(A) 万国鼎 (B) 荣孟源 (C) 陈垣 (D) 翦伯赞

317. BH006 《中西回史日历》的编纂者是（ ）。
(A) 万国鼎 (B) 荣孟源 (C) 陈垣 (D) 翦伯赞

318. BH006 《中外历史年表》由（ ）主编。
(A) 万国鼎 (B) 荣孟源 (C) 陈垣 (D) 翦伯赞

319. BH007 《十通》是一套综合性、通史性的（ ）。
(A) 政书 (B) 类书 (C) 目录 (D) 索引

320. BH007 《会要》是记载有关朝代的政治、经济、文化等制度的专书,它早在（ ）代就已出现。
(A) 隋 (B) 唐 (C) 元 (D) 宋

321. BH007 查某一代的典章制度,除从《史志》和《十通》等书中可以查到外,最方便的方法是查历代（　）。

（A）纪年表　（B）历史沿革表　（C）通典　（D）《会要》

322. BH008　《全国总书目》逐（　）出版。

（A）周　（B）月　（C）季　（D）年

323. BH008　《全国新书目》能迅速地反映全国每（　）出版的新书。

（A）周　（B）月　（C）季　（D）年

324. BH008　《全国报刊索引》是全国主要（　）的重要检索工具。

（A）图书资料　（B）统计资料　（C）报刊资料　（D）文学资料

325. BH009　不能用来查找古代统计资料的是（　）

（A）政书　（B）类书　（C）地方志　（D）图录

326. BH009　不可以用来查找现代统计资料的是（　）。

（A）年鉴　（B）资料汇编　（C）报刊资料　（D）书目

327. BH009　年鉴是按（　）出版的。

（A）年度　（B）季度　（C）月份　（D）年代

328. BH010　追溯法是利用有关论文后所附（　）进行追溯查找的方法。

（A）参考文献　（B）著者简介　（C）注释　（D）摘要

329. BH010　利用文摘、索引、题录等各种检索工具查找文献的方法称（　）。

（A）追溯法　（B）工具法　（C）交替法　（D）循环法

330. BH010　按确定的主题词来检索文献的途径是（　）。

（A）分类途径　（B）主题途径　（C）著者途径　（D）号码途径

331. BH010　主题途径是按确定的主题词来检索文献的一种（　）。

（A）工具　（B）分类方法　（C）途径　（D）标准

332. BH011　世界上大多数国家采用（　）对专利文献进行分类。

（A）国际专利分类表　（B）美国专利分类表

（C）英国专利分类表　（D）法国专利分类表

333. BH011　《世界专利索引》是（　）国德温特出版公司编辑出版的一种检索世界各国专利文献的专利检索工具。

（A）美　（B）法　（C）德　（D）英

334. BH011　国际专利分类法简称（　）。

（A）CPI　（B）WPI　（C）IPC　（D）EPI

335. BH011　IPC 是（　）的简称。

（A）国际标准化组织　（B）中国专利局

（C）国际专利分类法　（D）国家标准

336. BH012　标准文献根据其使用范围，主要分为（　）种。

（A）三　（B）四　（C）五　（D）六

337. BH012　ISO 标准号的结构形式为：（　）。

（A）顺序号 + 年代号 + 标准代号　（B）标准代号 + 顺序号 + 年代号

（C）标准代号 + 年代号 + 顺序号　（D）年代号 + 顺序号 + 标准代号

338. BH012　不属于 ISO 标准检索途径的是（　）。

（A）分类途径　（B）主题途径

(C) 标准号途径　　(D) 企业名称途径

339. BH012　企业名称途径不属于（　）标准检索途径。

(A) ISO　(B) IBO　(C) IEO　(D) IVO

340. BH013　属于综合性百科全书的是（　）。

(A)《中国大百科全书》　(B)《汽车百科全书》

(C)《计算机科学百科全书》　(D)《船舶模型设计百科全书》

341. BH013　属于专业性的年鉴是（　）。

(A)《世界年鉴》(B)《英国年鉴》(C)《美国年鉴》(D)《科学年鉴》

342. BH013　以数据、表格、公式或简要叙述为主的专门著作是（　）。

(A) 百科全书　(B) 手册　(C) 辞典　(D) 人名录

343. BH013　《科学年鉴》属于（　）性年鉴。

(A) 专业　(B) 技术　(C) 知识　(D) 研究

344. BH014　美国洛克希德公司的（　）系统是目前世界上最大的联机情报检索系统。

(A) ORBIT　(B) ESA－IRS　(C) DIALOG　(D) MARK

345. BH014　计算机检索系统的组成是（　）。

(A) 检索语言、硬件、软件　(B) 检索语言、输入输出设备、软件

(C) 检索语言、硬件、汇编语言　(D) 检索语言、存储器、目标程序

346. BH014　计算机检索系统的数据库由一个个（　）组成。

(A) 题录　(B) 目录　(C) 记录　(D) 文摘

二、判断题(对的画"√",错的画"×")

(　) 1. AA001　总括登录是以每一册书为登录单位。

(　) 2. AA001　图书馆工作业务体系由图书文献的收集整理与典藏利用两方面组成。

(　) 3. AA002　国际图联总部设在法国巴黎。

(　) 4. AA002　关心和支持世界图书馆的发展是联合国教科文组织的中心任务之一。

(　) 5. AA003　图书馆学的研究对象是图书馆和图书馆事业及文献信息。

(　) 6. AA003　图书馆事业是在图书发展到有一定数量和不同类型时,才形成的一种事业。

(　) 7. AA004　图书馆学同许多学科发生交叉关系或相互移植一些理论或方法,这并未改变图书馆学的学科属性,图书馆学仍属于社会科学。

(　) 8. AA004　认为图书馆学属于管理科学的观点是全面的。

(　) 9. AA004　图书馆学是一门具有多种属性的学科,在现阶段,它带有较强的社会科学的特性。

(　) 10. AA005　图书馆学的研究内容包括理论图书馆学和应用图书馆学两个方面。

(　) 11. AA005　比较图书馆学属于应用图书馆学的范畴。

(　) 12. AA006　图书馆学与计算机科学是应用关系的学科。

(　) 13. AA006　图书馆学与哲学是应用关系的学科。

(　) 14. AA006　图书馆学与情报学、文献学、目录学、档案学的关系是同族关系,它们都是研究于文献信息管理和利用相关工作的学科。

(　) 15. AA007　理论图书馆学属于图书馆学结构中的微观结构。

(　) 16. AA007　图书馆学同其他任何一门学科一样,可分为基础研究和应用研究两大部分。

(　) 17. AA008　图书馆学的研究方法通常有三种。

(　) 18. AA008　哲学方法是适用于一切学科的科学方法。
(　) 19. AA009　1974 年,中央批准了“汉字信息处理工程”,标志着我国在图书馆自动化方面的起步。
(　) 20. AA009　北京图书馆自 1980 年开始正式发行 CNMARC 数据软盘。
(　) 21. AA010　计算机是实现图书馆自动化的客体。
(　) 22. AA010　计算机技术、通信技术、存储技术的发展,使图书馆快速处理信息,实现自动化成为可能。
(　) 23. AA011　图书馆采用现代化技术缩短了查找资料的时间,相应的缩短了科研时间,等于增加了科研力量,延长了科研人员的生命。
(　) 24. AA011　图书馆业务自动化不需要人工作业。
(　) 25. AA011　图书馆应用计算机主要是进行书目数据自动化和图书馆事务处理。
(　) 26. AB001　“十”的四角号码的代码是 3。
(　) 27. AB001　“≠、寸、戈、丰”在四角号码查字法中笔名叫“串”,代码是 5。
(　) 28. AB002　“良庖岁更刀,割也;族庖月更刀,折也”中的“岁”是“年龄”的意思。
(　) 29. AB002　“孤之有孔明犹鱼之有水也”中两个“之”字,是助词。起到取消句子独立性作用。
(　) 30. AB002　“以君之力,曾不能损魁父之立”中的两个“之”字都是助词,可译成“的”。
(　) 31. AB003　“扁鹊过齐,齐恒侯客之”中“客”字是名词做动词,是使动句。
(　) 32. AB003　“沛公欲王关中”中“王”是名词做动词,可译成“做王”。
(　) 33. AB004　我国田园诗的开创者和代表者是高适。
(　) 34. AB004　阿拉伯古代民间故事集《一千零一夜》也有人称它为《天方夜谭》。
(　) 35. AB004　鲁迅本名周树人,是我国现代文学家、思想家和革命家,代表作有小说《阿 Q 正传》,诗集《野草》,散文集《朝花夕拾》,杂文集《坟》、《华盖集》等。
(　) 36. AB005　消息即消息报道,又称新闻。
(　) 37. AB005　“说和做一定要统一”中“说”和“做”是对比关系的名词性词组。
(　) 38. AB006　“我们这些人都是马克思了,到那时候,在座的人大概开追悼会也开得差不多了。”运用了借代和讳饰的修饰方法。
(　) 39. AB006　“遵纪守法光荣,贪污受贿可耻”运用了对比修辞方法。
(　) 40. AC001　磁盘属于输入设备。
(　) 41. AC001　鼠标属于点输入设备。
(　) 42. AC001　绘图仪是一种图形输入设备。
(　) 43. AC002　存储器能够保存和记录数据,不能存储中间结果。
(　) 44. AC002　字节是一组相邻的二进制数码。
(　) 45. AC002　计算机断电时,ROM 中信息丢失,RAM 中信息保持不变。
(　) 46. AC003　中央处理器也叫微处理器,英文缩写为“UPS”是计算机硬件系统的核心部分。
(　) 47. AC003　人们在谈论计算机时,经常提到“586”和“奔腾”,说的就是中央处理器
(　) 48. AC003　运算器中含有能暂时存放数据或运算结果的寄存器。
(　) 49. AC004　软盘是能重复存储信息的设备。
(　) 50. AC004　软盘写保护口的功能是可写不可读。

(　)51. AC005　利用键盘上的功能键区来进行常用字符的输入。
(　)52. AC005　insert 键功能是切换插入和改写状态。
(　)53. AC005　基准键位于字符键区第三排,为“ABCGJKL;”八个字符。
(　)54. AC006　多媒体计算机是能够编辑、存储两种以上不同类型信息媒体的计算机。
(　)55. AC006　从计算机系统角度看,多媒体是用计算机把多种信息媒体集成并控制起来的系统。
(　)56. AC006　多媒体计算机能够综合处理多种媒体信息,如文本、图形、图像和声音,使多种信息建立连接,并集成为一个交互式系统。
(　)57. AC007　多媒体系统可用于视频绘图、数字视频特技、计算机作曲等。
(　)58. AC007　声卡利用计算机数字化技术来实现对声音信号的采集、处理和回放。
(　)59. AC007　多媒体的发展,结合了计算机业、家电业和网络通信业。
(　)60. AC008　多媒体的特点是把多媒体信息模拟化,进而有机地集成控制。
(　)61. AC008　多媒体系统一般由硬件系统、多媒体操作系统、多媒体创作工具组成。
(　)62. BA001　借号法是借用上位类或下位类号码来表示类目的编号方法。
(　)63. BA001　借号法中,同位类目超过 10 个时,为了实现扩充类别的需要,借用该级类目的下位类号。
(　)64. BA002　《冒号分类法》是现今世界上最有影响的综合性分类法之一。
(　)65. BA002　《冒号分类法》从大体上可分为综合类、自然科学、哲学三大部分。
(　)66. BA003　《国际十进制分类法》体系结构与《杜威十进制法》基本相同。
(　)67. BA003　《国际十进制分类法》中辅助符号中的连续符号是字符“=”。
(　)68. BA003　《国际十进制分类法》中辅助符号“:”代表关联符号。
(　)69. BA004　《杜威十进制法》标记符号前三级一律用三位数字标记,三级类以下则在前三位数字之后用短横隔开。
(　)70. BA004　《杜威十进制法》的索引是相关索引。
(　)71. BA005　书次号是依照同类图书出版先后顺序取号。
(　)72. BA005　汉语拼音、笔画笔形都是著者号码表编制的方法。
(　)73. BA005　同种图书的复本、不同版本、不同卷册次,书次号的设定要另给新号。
(　)74. BA006　分类目录向读者提供了一条按类求书的途径。
(　)75. BA006　学科包括哪些基本内容、门类、与其他学科的关系,这些类信息不能从分类目录中获得。
(　)76. BA007　分类目录的组织简单,不需要组织规划。
(　)77. BA007　图书馆通过分类目录向读者揭示一个内在联系的藏书体系。
(　)78. BA007　分类目录的特点是按照一定的科学体系来组织各种分类款目。
(　)79. BA008　《中图法索引》可供图书情报工作人员分类标引图书资料时用。
(　)80. BA008　《中图法索引》的结构由三个索引款目首字表组成。
(　)81. BB001　款目在目录中的位置由著录正文对文献外表形态和物质形态的描写来决定。
(　)82. BB001　著录标目决定款目的性质,图书的各种特征均可用作标目,用以构成各种款目。
(　)83. BB001　款目结构中的业务注记是关于文献内容的记载。

( ) 84. BB002 标准著录对款目采用较多层次的划分办法。

( ) 85. BB002 标准著录对款目的划分较为简化,废除了从编目过程中区分基本款目与辅助款目的概念。

( ) 86. BB003 责任者如无检索意义,如“佚名”等也可作为标目。

( ) 87. BB003 著录标目的选择必须符合文献特征的实际情况,适应读者的检索习惯。

( ) 88. BB003 个人责任者标目含责任者的时代、国籍,时代断限以责任者卒年为准,国籍用易于识别的简称。

( ) 89. BB004 编制主题款目和分类款目须添加相应的主题词和分类号作为标目。

( ) 90. BB004 在合订书名下划一黑线,则构成合订书名款;在第一责任者下划一黑线,即构成第一责任者款目。

( ) 91. BB004 分析款目的著录格式可将全部项目分成三个段落,其中析出部分主要由分析出来的文献名称和分类号组成。

( ) 92. BB005 用正文纸做封面的一种装帧形式简单的说是活页本。

( ) 93. BB005 已写定而尚未抄写付印的书稿是稿本,它是书籍的原始形态。

( ) 94. BB005 从一种或多种著作中抽选一篇或数篇独立的文章,以单册的形式出版的书是抽印本。

( ) 95. BB006 每个 ISBN 号码都是由一组冠有 ISBN 的九个阿拉伯数字组成。

( ) 96. BB006 书号 ISBN 后有十个数字,分别代表组号、出版号、书名号和核对号。

( ) 97. BB006 ISBA 是国际标准书号英文缩写。

( ) 98. BB007 关于图书出版情况的历史性记录是版本页。

( ) 99. BB007 图书第一次出版叫“第一版”或“初版”,内容经过增删修订后重排而出版的叫“第二版”或“再版”。

( ) 100. BB007 版本记录页是图书著录项目的重要来源之一。

( ) 101. BB008 指引读者从目录中一条标目上参考另一条标目是一般参照。

( ) 102. BB008 参照又称“参见”、“引见”或“见”。

( ) 103. BB008 指引从不用作标目的词去查阅用作标目的词是相关参照。

( ) 104. BC001 藏书体系组成以专门藏书为中心,以辅助藏书和基本藏书为分支。

( ) 105. BC001 图书馆藏书是一个发展的文献资源体系,它由许多文献构成,并有其形成和发展的过程。

( ) 106. BC001 基本藏书的成分复杂,包括古今中外各个门类的文献。

( ) 107. BC002 科学技术图书馆藏书建设方针的重点是收集国内外有关学科和相关学科的文献,并有选择地收集其他学科文献。

( ) 108. BC002 科学技术图书馆藏书建设并不要求情报价值高和学术性强。

( ) 109. BC003 补充藏书不需进行调查研究。

( ) 110. BC003 补充藏书不掌握书源是不行的,不掌握书的来源就不能及时地补充藏书。

( ) 111. BC004 我国文献资源布局分两个阶段进行,文献资源的分析和文献资源的开发利用。

( ) 112. BC004 文献资源调查的研究是文献资源布局的前期工作,这一步非常重要。

( ) 113. BC004 文献资源调查的对象是图书馆、文献馆、情报资料等。

( ) 114. BC005 我国文献资源布局层次中,国务院各部委专业文献中心属于国家级。

( ) 115. BC005 我国文献资源布局层次中,省、市、自治区公共图书馆、科技情报所属于地区级。
( ) 116. BC006 文献构成要素中的载体方式主要体现形式有纸张、胶卷、磁带等。
( ) 117. BC006 文献构成要素中的说明方式,主要指笔写、印刷、打印、录制、摄影等方式。
( ) 118. BC006 文献资源布局便于对图书馆情报资源进行统一管理,做到节约人力、物力和财力。
( ) 119. BC007 文献资源布局不需要具有层次性,便于形成网络。
( ) 120. BC007 文献资源布局要与国民经济及科学、教育文化事业的发展相适应。
( ) 121. BC008 文献资源布局中的地区协调布局模式是按地区进行文献资源布局。
( ) 122. BC008 文献类型集中型布局模式是将全国各图书馆都看成文献收藏点,并分别承担一个或几个方面的文献收藏任务。
( ) 123. BC008 文献资源整体布局原则是保证顺利进行文献资源整体布局的思想基础,对文献资源整体布局起着指导作用。
( ) 124. BC009 英国的藏书协调和布局是采取分散式。
( ) 125. BC009 英国采取集中文献保障体制。
( ) 126. BD001 书目编纂的整个过程表现为综合—分析—综合的过程。
( ) 127. BD001 书目编纂前要先研究书目作者,把握作者的精神实质和基本知识。
( ) 128. BD002 书目编纂的选题主要考虑它的实用性。
( ) 129. BD002 制定书目编纂方案时,要明确确定书目收录文献资料的范围标准。
( ) 130. BD003 文献的一般书目分析就是对一次文献的内容和形式特征进行分析。
( ) 131. BD003 书目著录是揭示文献情报信息的重要过程。
( ) 132. BD004 序言是书目和读者之间的桥梁。
( ) 133. BD004 收录与主题有关的不同学派和观点的文献,只要注意收录理论性较强的文献。
( ) 134. BD005 书目工作现代化是现代科学文化的一部分,是人类物质文明和精神文明发展的必然结果。
( ) 135. BD005 书目工作现代化,必须以计算机硬件、软件技术、光电和通信技术为基础。
( ) 136. BD006 以定题服务方式传递书目情报是书目情报报道的重要形式。
( ) 137. BD006 广义书目情报服务指的是书目的编纂和检索。
( ) 138. BD007 三次文献也称三级文献。
( ) 139. BD007 进展、报告等属于一次文献。
( ) 140. BE001 典藏部门不需要建立全馆文献的财产账目。
( ) 141. BE001 典藏部门是整个馆藏的缩影,应向读者开放。
( ) 142. BE001 读者可以把自己的意见和建议经常反馈给典藏部门,典藏部门也要经常深入第一线,了解读者的心声。
( ) 143. BE002 图书馆的信息咨询部门可以为读者提供代查、代译、代复印服务。
( ) 144. BE002 流通部门是体现图书馆信息服务水平的部门。
( ) 145. BE003 技术服务部门是现代化图书馆的技术保障部门。
( ) 146. BE003 视听资料的使用和管理与技术服务部门无关。
( ) 147. BE004 图书馆行政部门的工作不负责贯彻执行上级领导的指示。

( ) 148. BE004 图书馆行政部门负责馆内各部门之间的协调、对外联络和财务管理等工作。

( ) 149. BE005 一般大学图书馆的普通阅览室,凭本人的学生证或借书证就可在室内阅览。

( ) 150. BE005 办理借书证无需要交纳押金。

( ) 151. BE006 借书证是证明一个人是否是本馆读者的依据,是允许读者把馆藏文献借出馆外阅读的凭证。

( ) 152. BE006 现代还书手续比传统还书手续复杂。

( ) 153. BE006 图书馆门厅内不需要布置反映全馆藏书及服务点的平面图、指南、读者规则、应用专门工作人员做引导工作。

( ) 154. BE007 整顿目录、整顿藏书、排架正确、归还的图书及时上架、加速图书周转,这是减少拒借的基础。

( ) 155. BE007 拒借率的高低在一定程度上反映了一个图书馆的藏书质量和读者服务工作的质量。

( ) 156. BE007 发生拒借现象的主要原因是图书馆客观方面的原因所造成的。

( ) 157. BF001 图书馆系统实行法律管理方法,即实行岗位责任制。

( ) 158. BF001 图书馆立法有利于为各行各业的发展提供"广、快、精、准"的高效服务。

( ) 159. BF002 图书馆法通过自己的调整职能和教育职能直接实现和促进物质文明和精神文明建设。

( ) 160. BF002 图书馆法具有概括性、条理性特点,便于图书馆的统一领导。

( ) 161. BF002 图书馆法通过自己的维护职能和调整职能为社会主义两个文明建设创造必要的社会条件和物质基础。

( ) 162. BF003 图书馆法是由国家立法机关依据一定的法律程序制定或认可的有关图书馆事业和图书馆活动的专门法规。

( ) 163. BF003 图书馆法属国内范畴,与国际渊源无多大关联。

( ) 164. BF004 国际惯例不可作为我国图书馆法的渊源,因为它是不成文法。

( ) 165. BF004 1994 年,叶利钦总统签署了《俄罗斯图书馆事业联邦法》。

( ) 166. BF004 英国图书馆法规定的最低标准是每 2500 人中应配备 5 名图书馆工作人员。

( ) 167. BF005 作为法律渊源,中国图书馆法应当体现香港特别行政区图书馆的特殊法律形式。

( ) 168. BF005 图书馆的单行法规条例一般可不列入图书馆法的国内渊源。

( ) 169. BF006 早在 18 世纪下半期,许多国家就开始采取立法手段来促进国家图书馆事业。

( ) 170. BF006 图书馆法是建立与管理图书馆,制定图书馆行政法规和规章制度的总依据。

( ) 171. BF006 凡是图书馆事业比较发达的国家都通过颁布有关图书馆的法令来保障图书馆事业的发展。

( ) 172. BF007 在制定图书馆法时,不考虑法律形式。

( ) 173. BF007 对于图书馆法的内容和形式,既不能等量齐观,又要全面认识,不能有任何片面性。

( ) 174. BG001 计算机集成管理系统的软件部分包括数据资源、操作系统及网络通信产品等。

( ) 175. BG001 集线器属于网络通信产品。

( ) 176. BG002 从国内目前发展起来的文献集成管理系统来看,大多是采用微机广域网。

( ) 177. BG002 开放系统互连 OSI 的体系结构具有六个层次。

( ) 178. BC002 网络协议提供时序、语义、语法三种服务。

( ) 179. BG003 集成图书馆系统包括采购、编目、典藏、期刊、书目检索、行政管理等功能。

( ) 180. BG003 文献集成管理系统不容易发现错误所以设计中不需要考虑维护问题。

( ) 181. BG004 文献集成管理系统运行中,系统程序和使用数据保持不变。

( ) 182. BG004 文献集成管理系统是计算机关键技术的应用和软件技术开发的结果。

( ) 183. BG005 计算机编目对一种图书和目录记录来说,就是作为一个单位来处理的字段集合。

( ) 184. BG005 计算机编目只能认识 0 和 1 这两种代码,所以著录内容要用各种标识符号明确标识进行区分。

( ) 185. BG005 计算机编目的目录记录相当于目录。

( ) 186. BG006 图书流通管理子系统使用条码时,是利用光笔对条码进行扫描,将电讯号转成相应的 ASCII 字符,输入到计算机内。

( ) 187. BG006 图书流通子系统的运转情况直接反映出馆藏建设的质量、满足读者需求的程度、服务质量等情况。

( ) 188. BG006 图书流通子系统因流通工作内容重复大,易于采用计算机管理提高工作效率。

( ) 189. BG007 ILAC 已成为国内用户数最多,推广面最广,实用性最强的图书馆自动化系统。

( ) 190. BG007 ILAS 是一套开放性系统软件,不可在 386、486 微机上运行,可以在有 UNIX/XENIX 操作系统的机器上运行。

( ) 191. BG008 北京息洋 GLIS 通用图书馆集成系统中各子系统,相对独立,不可共享数据,信息一次输入,使用一次。

( ) 192. BG008 GLIS 系统包含了五个子系统。

( ) 193. BG009 MILIS 于 1988 年 3 月通过技术鉴定并投入运行,是一个通用型的图书馆集成系统。

( ) 194. BG009 MILIS 包括采购、编目、流通、期刊管理、公共查询、资金管理六个子系统。

( ) 195. BG009 上海交通大学 MILIS 图书馆集成管理系统以关系型数据库管理和网状型数据库管理系统为基础。

( ) 196. BG010 美国 OCLC 系统是世界著名的计算机联机联合编目,初建于 1967 年。

( ) 197. BG010 OCLC 系统参加者可使用全部 OCLC 系统资源。

( ) 198. BG010 美国 OCLC 系统目前仍以每周约 2.3 万个记录的速度增长。

( ) 199. BG011 英国 INNOPAC 系统是英国 Innovative Interfaces Inc. 公司于 1979 年开发的完全集成的图书馆系统。

( ) 200. BG011 美国 INNOPAC 系统支持编目、联机公共接入目录、流通、采访、期刊控制、馆际互借、资料预订、目录数据库等传统功能的自动化。

( ) 201. BG012 机读目录必须具备的条件是目录信息完全以计算机能识别的代码出现。

( ) 202. BG012 机读目录的目录信息可以不完全用计算机能识别的方式组织。

( ) 203. BG012 机读目录是计算机编目后的输入产品。

( ) 204. BG013 数字图书馆能够完全代替传统图书馆。

( ) 205. BG013 数字图书馆的定义虽然不同,但都有共同点:馆藏文献的数字化存储、可通过网络查询和传输。

( ) 206. BG014 在数字图书馆结构中,用户界面只有一种类型。

( ) 207. BG014 在数字图书馆中,浏览器是用户最常用的工具。

( ) 208. BG015 发展我国数字图书馆的根本目标是:以因特网为依托、建成数字化的超大规模的中文信息资源群体、实现资源共享、支持国家整体知识创新体系的形成与发展。

( ) 209. BG015 数字图书馆可以脱离开网络环境。

( ) 210. BH001 百科全书是以辞典形式编排的巨型参考工具书。

( ) 211. BH001 书目、索引、文摘不属于工具书。

( ) 212. BH002 在查找专科术语名词方面,专科性的词典有时会比一般性词典解释详尽一些,应该多加利用。

( ) 213. BH002 查找成语,一般性辞典,如新版《辞海》、《辞源》不能发挥作用。

( ) 214. BH003 查找人物姓氏、别名、字号,也可以通过一些专门学科工具书去查找。

( ) 215. BH003 集体名称或集团名称一般综合性工具书中不会列有专门条目。

( ) 216. BH004 使用地名辞典时,要特别注意该辞典的编撰时间。

( ) 217. BH004 地图按内容可分为普通地图和特殊地图。

( ) 218. BH005 查引文、典故所用的辞书,一般用语文词典、综合性词典和专科性词典。

( ) 219. BH005 查找引文典故时,无需借助成语辞典。

( ) 220. BH006 历史纪年表是用来查考历史年代和历史纪元的年表。

( ) 221. BH006 查作品的年代不可以利用文学年表。

( ) 222. BH007 查找古代典章制度的名称,可以利用《辞海》、《辞源》等工具书。

( ) 223. BH007 查找历代典章制度,主要利用类书。

( ) 224. BH008 《全国报刊索引》由上海图书馆编印。

( ) 225. BH008 《全国总书目》是专科性书目。

( ) 226. BH009 一般性的报刊资料,经常登载有各方面的消息,往往反映了一些最新统计资料,不应被忽略。

( ) 227. BH009 年鉴只有一类。

( ) 228. BH010 确定检索标识就是指确定检索词。

( ) 229. BH010 倒查法检索效率比顺查法低。

( ) 230. BH010 如果对检索工具的专业范围不太熟悉,可借助于介绍检索工具的工具书。

( ) 231. BH011 IPC 系统包括了与发明有关的全部技术领域。

( ) 232. BH011 《专利文献通报》是系统的外文专利检索刊物。

( ) 233. BH011 《世界专利索引》是检索世界各主要专利文献的一种重要检索工具。

( ) 234. BH012 我国标准可分为国家标准、部标准和企业标准三大类。

(　) 235. BH012　各种标准都是固定不变的。
(　) 236. BH012　IEC 标准是由国际电工委员会统一制定的。
(　) 237. BH013　百科全书的特点是内容全面而系统,主要缺点是编纂时间长,不能及时反映科学技术的新进展。
(　) 238. BH013　百科全书和年鉴不介绍各种类型的组织机构和人物传记。
(　) 239. BH014　计算机检索服务质量的高低,在很大程度上取决于系统数据库的质量和数量。
(　) 240. BH014　计算机检索不适用于大量文献的专题批量检索或追溯检索。
(　) 241. BH014　电子计算机检索文献检索系统,就是按照读者提问的要求利用电子计算机检索存储在磁带中的文献的系统。

三、简答题

1. AB004　文学作品包括哪几大类?
2. AB004　我国现代作家巴金的《爱情三部曲》和《激流三部曲》是指哪些作品?
3. AB006　比喻有几种方法?
4. AB006　应用文写作中常用的句型有什么特点?
5. AC002　计算机的运算速度指的是什么?
6. AC002　什么叫存储器?
7. AC007　什么是多媒体计算机? 并举例。
8. AC007　多媒体计算机的应用领域有哪些?
9. BA005　书次号编制的方法?
10. BA005　什么叫分类目录?
11. BA007　图书分类目录的组成有哪些?
12. BA007　图书馆制定分类目录组织规划的内容是什么?
13. BB007　版次、印次和版本记录页的区别。
14. BB007　请写出四种版本项的符号及结构形式。
15. BC003　藏书补充过程中要对哪些内容做调查研究?
16. BC003　藏书补充调查的方法有哪些?
17. BD002　书目编撰准备阶段的步骤有哪些?
18. BD002　制定书目编纂方案的内容是什么?
19. BE002　图书馆中业务研究部门和情报研究部门的主要工作内容有哪些?
20. BE002　图书馆信息咨询部门主要负责的工作是什么?
21. BE003　对视力障碍者应提供怎样的服务?
22. BE003　图书馆技术服务部门的主要工作是什么?
23. BF002　图书馆法的含义是什么?
24. BF002　图书馆立法的基本目的是什么?
25. BF005　图书馆法的国内渊源有哪些内容?
26. BF005　图书馆立法的作用有哪些?
27. BG001　什么是计算机集成管理系统?
28. BG001　计算机图书编目系统的工作步骤包括的内容是什么?
29. BG004　文献集成管理系统设计一般要考虑的要素是什么?

30. BG004　文献集成管理系统的运行需要做什么工作？
31. BH010　科技文献检索的步骤。
32. BH010　科技文献检索的方法有哪些？

四、论述题

1. AA003　试述国内外关于图书馆学研究对象的几种代表性观点。
2. AA003　试述为什么说图书馆学的研究对象是图书馆、图书馆事业和文献信息？
3. AA008　试述图书馆学研究的一般科学方法有哪几种？
4. AA008　试述图书馆学研究的专门方法有哪几种？
5. AA009　试述图书馆自动化主要包括哪些方面的内容？
6. AA009　试述图书馆自动化的发展阶段。
7. AC006　试述多媒体系统的组成部分有哪些？
8. AC006　试述多媒体技术具有哪些特征？
9. BA001　试述《中图法》在为类目配号时，采用哪些配号方法？
10. BA001　试述借号法的编号方法有哪些？
11. BB002　试述书目款目的类型及其构成。
12. BB002　试述规范款目的作用有哪些？
13. BB006　试述图书获得方式的著录规则。
14. BB006　试述国际标准书号的组成形式。
15. BC001　试述图书馆藏书体系的组成部分。
16. BC001　试述藏书的主要排架方法及其优缺点。
17. BC002　试述科学与专业图书馆的特点有哪些？
18. BC002　试述科学与专业图书馆的任务是什么？
19. BC004　试述我国文献资源布局的总体目标。
20. BC004　试述我国文献资源调查工作的目的。
21. BC007　试述形成馆藏文献资源特色化的要求。
22. BC007　试述我国文献资源布局的趋势。
23. BF006　试述图书馆法的意义有哪些？
24. BF006　试述图书馆法的主要作用有哪些？
25. BG012　试述机读目录的特点有哪些？
26. BG012　试述机读目录的用途有哪些？
27. BG013　试述数字图书馆的含义有哪些？
28. BG013　试述数字图书馆的特点有哪些？
29. BH001　试述字典、词典的作用？并举例。
30. BH001　试述百科全书的作用？并举例。

理论知识试题答案

一、选择题

1. D　2. A　3. C　4. D　5. B　6. C　7. B　8. C　9. D　10. A　11. C
12. C　13. B　14. A　15. A　16. C　17. D　18. C　19. A　20. B　21. C　22. B
23. D　24. A　25. B　26. C　27. C　28. C　29. A　30. B　31. B　32. C　33. A
34. A　35. C　36. B　37. B　38. D　39. C　40. A　41. C　42. A　43. D　44. C
45. D　46. B　47. B　48. A　49. C　50. A　51. A　52. C　53. D　54. B　55. D
56. D　57. C　58. D　59. A　60. C　61. B　62. C　63. C　64. B　65. B　66. C
67. D　68. D　69. C　70. B　71. A　72. C　73. D　74. A　75. A　76. B　77. C
78. A　79. B　80. D　81. B　82. D　83. B　84. C　85. D　86. B　87. C　88. D
89. D　90. A　91. D　92. B　93. D　94. B　95. D　96. A　97. C　98. B　99. A
100. C　101. C　102. A　103. D　104. B　105. C　106. D　107. B　108. A　109. A　110. B
111. C　112. D　113. D　114. C　115. D　116. A　117. A　118. D　119. C　120. D　121. B
122. D　123. B　124. A　125. C　126. D　127. B　128. A　129. C　130. D　131. B　132. C
133. A　134. D　135. B　136. C　137. A　138. A　139. C　140. B　141. C　142. B　143. A
144. C　145. D　146. C　147. C　148. B　149. B　150. A　151. B　152. D　153. A　154. C
155. D　156. A　157. C　158. D　159. C　160. D　161. A　162. D　163. A　164. D　165. C
166. C　167. B　168. A　169. C　170. A　171. A　172. B　173. B　174. A　175. D　176. C
177. A　178. B　179. B　180. C　181. D　182. A　183. C　184. B　185. D　186. A　187. C
188. B　189. D　190. A　191. A　192. B　193. B　194. B　195. C　196. A　197. D　198. A
199. B　200. D　201. D　202. D　203. C　204. D　205. D　206. B　207. D　208. D　209. A
210. B　211. D　212. A　213. A　214. A　215. B　216. C　217. B　218. B　219. A　220. B
221. D　222. C　223. C　224. A　225. C　226. D　227. C　228. B　229. C　230. C　231. B
232. A　233. D　234. A　235. B　236. D　237. C　238. B　239. D　240. C　241. C　242. D
243. C　244. C　245. D　246. A　247. B　248. D　249. B　250. A　251. B　252. B　253. A
254. B　255. C　256. A　257. B　258. B　259. B　260. D　261. B　262. D　263. A　264. A
265. C　266. B　267. A　268. B　269. B　270. B　271. D　272. B　273. B　274. A　275. D
276. D　277. C　278. D　279. B　280. C　281. A　282. A　283. B　284. B　285. A　286. C
287. B　288. C　289. D　290. A　291. B　292. C　293. A　294. B　295. C　296. B　297. C
298. D　299. C　300. B　301. C　302. C　303. C　304. B　305. D　306. D　307. A　308. B
309. A　310. B　311. D　312. A　313. C　314. A　315. B　316. A　317. C　318. D　319. A
320. B　321. D　322. D　323. B　324. C　325. D　326. D　327. A　328. A　329. B　330. B
331. C　332. A　333. D　334. C　335. C　336. D　337. B　338. D　339. A　340. A　341. D
342. D　343. A　344. C　345. A　346. C

二、判断题

1. ×　总括登录是以每一批书为登录单位。　2. √　3. ×　国际图联总部设在荷兰海牙。

4. √ 5. √ 6. × 图书馆事业是在图书馆发展到一定数量和不同类型时,形成的一种事业。 7. √ 8. × 认为图书馆学属于管理科学的观点是片面的。 9. √ 10. √ 11. × 比较图书馆学属于理论图书馆学范畴。 12. √ 13. × 图书馆学与哲学是间接关系的学科。 14. √ 15. × 理论图书馆学属于图书馆学结构中的宏观结构。 16. √ 17. × 图书馆学的研究方法通常有两种。 18. √ 19. √ 20. × 北京图书馆自1990年开始正式发行CNMARC数据软盘。 21. × 计算机是实现图书馆自动化的主体。 22. √ 23. √ 24. × 图书馆业务自动化仍然需要人工作业。 25. √ 26. × "十"的四角号码代码是4。 27. √ 28. × "良庖岁更刀,割也;族庖月更刀,折也"中的"岁"是"每年"的意思。 29. √ 30. × "以君之力,曾不能损魁父之立"中的两个"之"字,第一个"之"是"的"的意思,第二个"之"是"这样的"意思。 31. × "扁鹊过齐,齐恒侯客之"中"客"字是名词做动词,此句是意动句。 32. √ 33. × 我国田园诗的开创者和代表者是陶渊明。 34. √ 35. √ 36. √ 37. × "说和做一定要统一"中"说"和"做"是并列关系的名词性词组。 38. √ 39. × "遵纪守法光荣,贪污受贿可耻"运用了对比和对偶修辞方法。 40. × 磁盘不属于输入设备。 41. √ 42. √ 43. × 存储器能够保存和记录数据,可以存储中间结果。 44. √ 45. × 计算机断电时,RAM中信息丢失,ROM中信息保持不变。 46. × 中央处理器也叫微处理器,英文缩写为"CPU"是计算机硬件系统的核心部分。 47. √ 48. √ 49. √ 50. × 软盘写保护口的功能是可读不可写。 51. × 利用键盘上的字符键区进行常用字符输入。 52. √ 53. × 基准键位于字符键区第三排,是"A S D F J K L;"。 54. × 多媒体计算机是能够同时抓取、处理、编辑、存储和展示两种以上不同类型信息媒体的计算机。 55. √ 56. √ 57. √ 58. √ 59. × 多媒体的发展,结合了计算机业、家电业和广播通信业。 60. × 多媒体的特点是把多媒体信息数字化,进而有机地集成控制。 61. √ 62. √ 63. × 借号法中,同位类目超过9个时,为了实现扩充类别的需要,借用该级类目的下位类号。 64. √ 65. ×《冒号分类法》从大体上可分为综合类、自然科学、人文及社会科学三大部分。 66. √ 67. ×《国际十进制分类法》中辅助符号中的连续符号是"/","="号是语文复分号。 68. √ 69. ×《杜威十进制法》标记符号前三级一律用三位数字标记,三级类以下则在前三位数字之后用小圆点隔开。 70. √ 71. × 书次号是按照图书分编的先后次序取号。 72. √ 73. × 同种图书的复本、不同版本、不同卷册次,按最先入藏的图书取号,不另给新号。 74. √ 75. × 学科包括哪些基本内容、门类、与其他学科的关系,这些类信息可以从分类目录中获得。76. × 分类目录组织应制定分类目录的组织规划。 77. √ 78. √ 79. √ 80. ×《中图法索引》的结构由正文和三个索引款目首字表组成。 81. × 款目在目录中的位置,根据标目的字顺或号码来决定。 82. √ 83. × 款目结构中的业务注记是为图书馆工作人员开展业务工作编制的。 84. × 传统著录对款目采用较多层次的划分办法。 85. √ 86. × 责任者如无检索意义,如"佚名"等一律不作为标目 87. √ 88. √ 89. √ 90. × 在合订书名下划一红线,则构成合订书名款;在第一责任者下划一红线,即构成第一责任者款目。 91. × 分析款目的著录格式可将全部项目分成三个段落,其中析出部分主要由分析出来的文献名称和责任者组成。 92. √ 93. √ 94. × 从一种或多种著作中抽选一篇或数篇独立的文章,以单册的形式出版的书是单行本。 95. × 每个ISBN号码都是由一组冠有ISBN的十个阿拉伯数组成。 96. √ 97. × ISBN是国际标准书号英文缩写。 98. × 关于图书出版情况的历史性记录是版本记录号。 99. √ 100. √ 101. × 指引读者从目录中一条标目上参考另一条标目是相关参照。

102. √ 103. × 指引从不用作标目的词去查阅用作标目的词是单纯参照。 104. × 藏书体系组成以基本藏书为中心，以辅助藏书和专门藏书为分支。 105. √ 106. √ 107. √ 108. × 科学技术图书馆藏书建设要求情报价值高和学术性强。 109. × 藏书补充必须进行调查研究。 110. √ 111. × 我国文献资源布局分三个阶段，调查研究、制定具体方案和开发利用。 112. √ 113. √ 114. × 我国文献资源布局层次中，国务院各部级专业文献中心属于专业部级。 115. √ 116. √ 117. × 文献构成要素中的记录方式，主要指的是笔写、印刷、打字、录制、摄影等方式。 118. √ 119. × 文献资源布局要具有层次性，便于形成网络。 120. √ 121. √ 122. × 文献类型分散型布局模式是将全国各图书馆都看成文献收藏点，并分别承担一个或几个方面的文献收藏任务。 123. √ 124. × 德国的藏书协调和布局是采取分散的方式。 125. √ 126. √ 127. × 书目编纂前要先研究书目主题，把握主题的精神实质和基本知识。 128. × 书目编纂的选题要有现实性和社会意义。 129. √ 130. √ 131. × 书目著录是揭示文献情报信息的重要手段。 132. √ 133. × 收录与主题有关的不同学派和观点的文献，要注意既收录理论性较强的，也要收录典型经验总结方面的文献。 134. √ 135. × 书目工作现代化，必须以数学、统计学、控制论和系统论等科学知识为基础。 136. √ 137. × 广义的书目情报服务是指书目编纂、传递、利用整个服务过程。 138. √ 139. × 进展、报告等属于三次文献。 140. × 典藏部门需要建立全馆文献财产账目。 141. × 典藏部门是整个馆藏的缩影，一般不对读者开放。 142. √ 143. √ 144. × 信息咨询部门是体现图书馆信息服务水平的部门。 145. √ 146. × 视听资料的使用和管理与技术服务部门有关。 147. × 图书馆行政部门的主要工作是负责贯彻执行上级领导的指示。 148. √ 149. √ 150. × 办理借书证要交纳一定数额的押金。 151. √ 152. × 现代还书手续比传统还书手续简单。 153. × 图书馆门厅内需要布置反映全馆藏书及服务点的平面图、指南、读者规则、应用专门工作人员做引导工作。 154. √ 155. √ 156. × 发生拒借现象的主要原因是图书馆主观原因所造成的。 157. × 图书馆系统实行法律管理方法，即实行图书馆法。 158. √ 159. √ 160. × 图书馆法具有概括性、规范性特点，便于图书馆的统一领导。 161. √ 162. √ 163. × 图书馆法属国内范畴，与国际渊源有关联。 164. × 国际惯例可作为我国图书馆法的渊源，虽然它是不成文法。 165. √ 166. × 英国图书馆法规定的最低标准是每 2500 人中应配备 1 名图书馆工作人员。 167. √ 168. × 图书馆的单行法规条例可列入图书馆法的国内渊源。 169. × 早在 19 世纪下半期，许多国家就开始采取立法手段来促进国家的图书馆事业。 170. √ 171. √ 172. × 在制定图书馆法时，应当审慎地对待法律形式或法律内容的关系。 173. √ 174. × 计算机集成管理系统的软件部分包括数据资源、网络协议及配套工具软件等。 175. √ 176. × 从国内目前发展起来的文献集成管理系统来看，大多采用的是局域网形式。 177. × 开放系统互连 OSI 体系结构具有七个层次。 178. √ 179. √ 180. × 文献集成管理中要求系统出现问题时及时维护，所以设计中要考虑维护问题。 181. × 文献集成管理系统运行中，系统程序和使用的数据不会一成不变。 182. √ 183. √ 184. √ 185. × 计算机编目的目录记录相当于目录款目。 186. √ 187. √ 188. × 图书流通子系统因流通工作内容重复大，不易于采用计算机管理提高工作效率。 189. √ 190. × ILAS 是一套开放性系统软件，可在 386、486、586 微机上运行，可以在有 UNIX/XENIX 操作系统的机器上运行。 191. × 北京息洋 GLIS 通用图书馆集成系统中各子系统之间可充分共享数据，做到信息一次输入，多次利用。 192. √ 193. × MILIS 于 1989 年 3 月通过技术鉴定并投入运行，是一个通用型图书馆集成系统。 194. √ 195. √ 196. √ 197. × OCLC 系统参加者，只有会员可使用全部 OCLC 系统资源。 198. √ 199. × 美国 INNOPAC 系统是美国 Innovative Interfaces Inc. 公司于 1979 年开发的完全集成图书馆系统。 200. √ 201. √ 202. × 机读目录的目录信息可以必须完全用计算机能识别的方式组织。 203. × 机读目录是计算机编目后输出的产品。 204. × 数字图书馆不能完全代替传统图书馆。 205. √ 206. × 在数字图书馆结构中，用户界面有两种类型。 207. √ 208. √ 209. × 数字图书馆离不开网络环境。 210. √ 211. × 书目、索引、文摘属于工具书。 212. √ 213. × 查找成语，一般性辞典，如新版《辞海》、《辞源》也能发挥作用。 214. √ 215. × 集体名称或集团名称一般综合性工具书中会列有专门条目。 216. √ 217. × 地图按内容可分为普通地图和专门地图。 218. √ 219. × 查找引文典故时，常常借助成语辞典。 220. √ 221. × 查作品的年代可以利用文学年表。 222. √ 223. × 查找历代典章制度，主要利用政书。 224. √ 225. × 《全国总书目》是综合性书目。 226. √ 227. × 年鉴可分为三类。 228. √ 229. × 倒查法检索效率比顺查法高。 230. √ 231. √ 232. × 《专利文献通报》是系统的中文专利检索刊物。 233. √ 234. √ 235. × 各种标准都将随着科学技术的发展而不断地修订和补充。 236. √ 237. √ 238. × 百科全书和年鉴也介绍各种类型的组织机构和人物传记。 239. √ 240. × 计算机检索适用于大量文献的专题批量检索或追溯检索。 241. √

三、简答题

1. 文学作品有四大类：(1)小说；(2)诗歌；(3)散文；(4)戏剧。
   评分标准：(1) ~ (4)各 25%。
2. (1)《爱情三部曲》是指《雾》、《雨》、《电》；(2)《激流三部曲》是指《家》、《春》、《秋》。
   评分标准：(1)(2)各 50%。
3. (1)明喻，就是明显地用另外的事物作比方来说明某一事物；(2)暗喻，也叫隐喻，不直接点明比喻，而实际上是打比方；(3)借喻，就是直接借比喻的事物来代替被比喻的事物，被比喻的事物和比喻词都不出现。
   评分标准：(1)(2)各 35%，(3)30%。
4. (1)用陈述句多，用疑问句、感叹句少；(2)用完全句多，用省略句少；(3)用限制性附加语多，用描写性附加语少；(4)用泛指性无主句多，用其他无主句少；(5)用较复杂的单句多，用多重复句少。
   评分标准：(1) ~ (5)各 20%。
5. (1)计算机的运算速度是用每秒钟执行多少条指令来表示的；(2)一条指令代表计算机执行一个操作；(3)通常用每秒百万条指令(MIPS)为单位，表示计算机的速度。
   评分标准：(1)(2)各 30%，(3)40%。
6. (1)存储器又称为主存和内存；(2)存储器是计算机的存储和记忆装置；(3)用来存放数据和程序。
   评分标准：(1)(2)各 30%，(3)40%。
7. (1)多媒体计算机是指计算机具有多种信息媒体的表现和传播方式；(2)例如：声音、文字、图像、图形、相片、速记符、手语等都是信息表现媒体。
   评分标准：(1)(2)各 50%。
8. (1)教育和培训；(2)音像创作与艺术创作；(3)全新出版媒介和演示系统；(4)多功能信息

咨询和服务;(5)科学计算可视化;(6)新型办公管理自动化;(7)视频会议和多媒体邮件;(8)多媒体家用系统。

评分标准:(1)~(4)各15%,(5)~(8)各10%。

9. (1)为了便于查找同类图书;(2)根据图书各种特征;(3)书次号可按著者姓名、图书分编先后次序、图书出版时间三种方法取号。

评分标准:(1)(2)各30%,(3)40%。

10. (1)是将各种分类款目依照一定图书分类体系组织起来的目录;(2)是从知识体系方面揭示图书馆藏书内容的重要工具。

评分标准:(1)(2)各50%。

11. (1)主要分类款目;(2)附加分类款目;(3)分析分类款目;(4)综合分类款目;(5)类目参照片;(6)目录指导片。

评分标准:(1)~(4)各20%,(5)(6)各占10%。

12. (1)同类图书的排列规划;(2)各种指导片的制作和使用方法;(3)各种参照片的制作和使用方法;(4)目录的管理、修补、整顿。

评分标准:(1)~(4)各25%。

13. (1)版次指图书出版的次数,是表示图书出版的先后次序;(2)印次是表示图书印刷的次数;(3)版本记录页是关于图书出版情况的历史性记录,它通常附在扉页后面、书末或封底。

评分标准:(1)(2)各30%,(3)40%。

14. (1) -版次或其他版本形式;(2) -版次/与本版有关的责任者;(3) -版次/与本版有关的第一责任者;与本版有关的其他责任者;(4) -版次/与本版有关的第一责任者;与本版有关的其他责任者,其他版本形式。

评分标准:(1)~(4)各25%。

15. (1)对书源的调查研究;(2)对读者的调查研究;(3)对现有馆藏的调查研究;(4)对个别图书的研究和鉴别。

评分标准:(1)~(4)各25%。

16. (1)实地观察法;(2)统计分析法;(3)座谈记问法;(4)表格提问法。

评分标准:(1)~(4)各25%。

17. (1)确定与研究书目的选题;(2)制定书目编纂方案;(3)文献调查。

评分标准:(1)(2)各35%,(3)30%。

18. (1)书目选题现实性和可行性的论证;(2)明确规定书目的类型特点;(3)明确规定书目收录文献资料的范围标准;(4)内容提要的性质和揭示内容的其他方式;(5)收录文献的编排组织方式;(6)辅助索引的种类;(7)查寻文献的来源。

评分标准:(1)~(6)各15%,(7)10%。

19. (1)业务研究部门主要负责的工作是开展图书业务研究和辅导工作;(2)情报研究部门主要负责进行情报资料的收集、加工、研究分析和传递服务。

评分标准:(1)(2)各50%。

20. (1)负责编制各种二次文献和三次文献;(2)为读者提供代查、代译、代复印服务;(3)建立文献检索室,解答读者咨询;(4)收集、保管、整理必要的情报资料,为读者提供辅导。

评分标准:(1)~(4)各25%。

21. (1)朗读服务;(2)播放录音带服务;(3)办理邮寄外借服务;(4)对还未失明但视力很差的读者服务,可使用扩大阅读器配置弱视者图书。
评分标准:(1)~(4)各25%。
22. (1)主要工作是负责文献复印、复制;(2)视听资料的使用和管理;(3)全馆自动化系统的管理、维护和升级。
评分标准:(1)(2)各40%,(3)20%。
23. (1)图书馆法是由国家立法机关依据一定的法律程序制定或认可的有关图书馆事业和图书馆活动的专门法规;(2)是调节国家与图书馆、图书馆与其他组织之间以及图书馆与用户之间等在图书馆活动中所产生的各种关系的法律规范;(3)是建立与管理图书馆,制定图书馆行政法规和规章制度的总依据。
评分标准:(1)(2)各35%,(3)30%。
24. (1)是使图书馆管理工作真正做到有章可循;(2)有法可依;(3)提高自觉性;(4)避免盲目性;(5)保证工作正常而有秩序的进行。
评分标准:(1)~(5)各20%。
25. (1)国内图书馆总体性法规、章程;(2)国内单行法规、条例等规范性文件;(3)地方性法规;(4)特别行政区有关图书馆的法律、法规、条例。
评分标准:(1)~(4)各25%。
26. (1)可保证图书馆管理的必要管理秩序;(2)可加强图书馆管理系统的稳定;(3)可有效地调节图书馆管理人员,组织馆舍与设备、经费等管理因素之间的关系;(4)可不断地促进管理系统的发展。
评分标准:(1)~(4)各25%。
27. (1)计算机集成管理系统概括地讲由硬件和软件部分组成;(3)硬件包括计算机、附属设备、网络及通信产品;(3)软件包括数据库产品,管理系统应用软件,操作系统平台,网络协议配套工具软件等。
评分标准:(1)(2)各30%,(3)40%。
28. (1)收集编目数据,按MARC格式编写编目工作;(2)填写编目工作单;(3)把工作单内容输入计算机;(4)校对无误后,经计算机程序处理编目数据库,或书目数据通信格式;(5)用计算机打印出来目录卡片或其他形式的目录。
评分标准:(1)~(5)各20%。
29. (1)可靠性;(2)完整性;(3)高效性;(4)易维护性;(5)易理解性;(6)系统的外延性。
评分标准:(1)~(4)各20%,(5)(6)各10%。
30. (1)建立有效的管理机构;(2)建立切实可行的管理制度;(3)系统运行情况的记录;(4)数据信息的管理。
评分标准:(1)~(4)各25%。
31. (1)分析课题,掌握检索要求;(2)确定检索范围与检索标识;(3)选择检索工具;(4)确定检索途径;(5)检索方法的选定;(6)查找和获取原始文献。
评分标准:(1)~(4)各20%,(5)(6)各10%。
32. (1)追溯法;(2)工具法:包括顺查法、倒查法和抽查法;(3)交替法:包括复合交叉法和间隔交叉法。
评分标准:(1)(2)各30%,(3)40%。

四、论述题

1. (1)要素说。这种论说是以图书馆、图书馆事业的组成要素作为图书馆学的研究对象。持这种观点的学者为数众多,影响广泛。在我国,从20年代至50年代,先后有"三大要素"、"四要素"、"五要素"说等。在国外,有"永恒要素"、"共通要素"说等。(2)事业法。这种论说是以图书馆事业作为图书馆学的研究对象。绝大多数图书馆学家都把图书馆事业作为图书馆学的研究对象。(3)图书馆说。这种论说是以图书馆的整体作为图书馆学的研究对象。认为"图书馆的研究对象是图书馆整体,不是图书馆某一侧面、某一层次或某一运动形态"。(4)活动说。这种论说是以图书馆的活动作为图书馆学的研究对象。认为图书馆活动是一个完整的社会现象、是一种社会实践活动、是一个完整的概念。(5)矛盾说。这种论说是以图书馆的特殊矛盾作为图书馆学的研究对象,主要有藏与用的矛盾、收藏与提供的矛盾、管理与利用的矛盾。(6)交流说。这种论说以文献信息交流,或知识交流,或文献信息的开发与利用作为图书馆学的研究对象,是现代科学技术迅速发展的产物。

   评分标准:(1)(2)各20%,(3)~(6)各15%。

2. (1)图书馆是图书馆学研究的客体。人们对图书馆学研究对象从感性认识到科学的抽象,再从科学的抽象上升为思维的方法,便促进了图书馆学理论的形成和发展。由于图书馆客体的存在和发展,人们对图书馆的认识和升华,才产生图书馆学。因此,图书馆学的研究对象就是图书馆。(2)图书馆学的研究对象是图书馆事业的整体。图书馆事业包括图书馆的数量、藏书的数量、图书馆经费、图书馆建筑与设备、图书馆专业人才等。图书馆事业从整体来看,有它产生和发展的规律、发展原理与建设原则等。同时,图书馆事业又是整个社会大系统中的一个子系统,因此,图书馆学的研究对象既是具体的图书馆,又是整体的图书馆事业。(3)文献信息交流也是图书馆学的研究对象。文献信息交流如今已成为社会的一种普遍现象。图书馆收集的大量文献信息资源的开发与利用,是为了进行文献信息的交流和传递,这是信息社会发展的需要。图书馆采用现代化的信息技术对文献进行收集存贮,建设计算机文献信息检索网,参与组建"信息高速公路",都是为了适应信息社会对文献信息交流的需要。因此研究文献信息交流也是图书馆学的研究对象。

   评分标准:(1)(2)各30%,(3)40%。

3. (1)逻辑方法。主要是归纳法和演绎法。归纳是从个别事实中总结出一般结论、概念的思维方法;演绎是从一般原理、概念出发得出个别结论的思维方法。在图书馆学研究中,归纳法和演绎法被大量使用,它们是图书馆学研究者比较熟悉和习惯的研究方法。(2)系统方法。系统方法要求运用完整性、集中化、等级结构、逻辑同构、信息、控制、自组织、协同等概念,找出适用于一切综合系统或子系统的模式、原则和规律。(3)数学方法。数学方法具有高度的抽象性和应用的普适性。数学的抽象性表现在它暂时抛弃了事物的具体内容,可单纯从量的关系上来考察事物,以便得出一种抽象的数量关系。图书馆统计方法作为图书馆学的专门研究方法,就是应用数学方法的明证。特别是电子计算机的普遍采用,使得数学方法更为普及。

   评分标准:(1)(2)各30%,(3)40%。

4. (1)图书馆统计法。这是数学方法在图书馆学研究中的具体应用而形成的带有图书馆学特点的专门方法。这种方法一般是被人们应用在对文献流的研究上。图书馆自动化管理集成系统的采用,使得图书馆各项工作的统计更加方便。(2)读者调查法。调查法向来为社会科学所推崇,尤其是社会学的发展,使得调查法的应用更为频繁。图书馆学研究常用的读者调查法是图书馆学研究的专门方法之一。它包括实地调查和书面调查(问卷法)两种主要形式。在对读者进行各种专门研究时,读者调查法是最主要的方法。(3)移植法。图书馆学诞生的时间比较晚,一些比较成熟的科学或成熟的理论,常被图书馆学研究者移植到图书馆学中,这就是移植法。移植法多用于普通图书馆学研究中,对于图书馆学的体系结构、研究方法等,都有积极的作用。(4)比较法。比较法是在一定的基础上,对相同事物的不同方面或同一性质事物的不同种类,通过比较而找出它们的共同点或差异点,来深入认识事物本质的一种方法。

评分标准:(1)~(4)各25%。

5. (1)自动处理数据:对采购、分编、流通、检索、行政事务等数据进行统计,可根据不同需求打印出统计报告。(2)输入、输出标准化:实现高速数据处理、数据输入和输出,是实现图书馆自动化的可靠保证。(3)业务管理自动化:通过自动控制,将采购、分编、流通、检索服务等环节所涉及的数据,一次输入多次利用。(4)文献信息数字化:文献信息不再局限于传统的印刷型文献,而是包括光盘出版物、网络信息等各种数字化文献信息。(5)文献信息传播网络化:图书馆的文献资源,通过网络,使联接在网络中任何一台联机终端用户不论在哪个国家或地区,不论何时都可以得到网络中资源。

评分标准:(1)~(5)各20%。

6. (1)第一阶段,图书馆自动化集成管理系统发展阶段。大约从20世纪60年代末、70年代初开始,1969年,美国国会图书馆正式发行了LCMARC机读目录,1974年更名为USMARC。(2)第二阶段,图书馆在网上进行全球性、整体化的电子文献信息服务的阶段。约在1985年前后,以CD-ROM光盘和局域网开始在图书馆得到应用为主要标志。(3)第三阶段,数字化图书馆阶段。21世纪前15年将有一批数字化图书馆出现。这个阶段的图书馆要组织数字信息及其技术进入图书馆并提供有效服务,图书馆的各类信息能以数字化的形式获得,图书馆用户获得的不仅仅是本地图书馆信息,还包括网上虚拟链接的数字图书馆信息。

评分标准:(1)(2)各35%,(3)30%。

7. (1)多媒体硬件系统。包括计算机硬件、声音、视频和多媒体的输入/输出设备和装置、通信传输设备和装置。(2)多媒体操作系统。也可称为多媒体核心系统。具有实时任务调度、多媒体数据转换和同步算法,对多媒体设备的驱动、控制,以及图形用户界面等功。它不同于DOS和Unix,一般是重新设计或在已有操作系统的基础上扩充和改造。(3)多媒体创作工具。具有操纵多媒体信息、进行全屏幕动态综合处理能力,支持应用开发人员创作多媒体应用软件。与多媒体系统相关的产品很多,可根据系统开发和应用目标的需要适当配置。

评分标准:(1)(2)各35%,(3)30%。

8. (1)集成性。多媒体技术的集成性是指将多种媒体有机地组织在一起,共同表达一个完整的多媒体信息,使声、文、图、像一体化。(2)交互性。交互性是指人和计算机能“对话”,以便进行人工干预控制。交互性是多媒体技术的关键特征。(3)数字化。数字化是指多媒体中的各个单媒体都是以数字形式存放在计算机中。(4)实时性。多媒体技术是多种媒体集成的技术,在这些媒体中,有些媒体(如声音和图像)是与时间密切相关的,这就决定了多媒体技术必须要支持实时处理。

评分标准:(1)~(4)各25%。

9. (1)统一配号法。是在一定的范围内对类目中具有相同内涵的要素配以统一的号码。例如凡涉及国家和地区区分的类目体系,通常都以“1”表示世界,以“2”表示中国,以3/7表示各大洲及各国或地区。(2)对应配号法。当不同的类目具有相同区分标准或相同类目结构时,尽可能使相应部分的配号趋于一致。如在T/V各类中,凡涉及工业产品的各种方面问题时,其列类顺序及配号都大致相同。(3)空号法。当类列的同位类不是很多,即号码相对充裕的时候,不采用连续配号,而是有间隔地为同位类配号。采用间隔配号法主要是通过预留空号,提高分类法对类目修订的适应能力,保持类目体系稳定性。空号法有常规空号、预留性空号、逻辑性空号、对应性空号和保留性空号等不同类型。

评分标准:(1)(2)各30%,(3)40%。

10. (1)借下位类号。当同位类数量超过9个,但超过不多时,采用借用前一个同位类的下位类号码,为后一个同位类配号的方法。借用下位类号的类目一般是相对不那么重要的,而且借用的通常都是最后一个号码"9"。有时根据实际配号需要,也借用了"9"以外的数字。(2)借上位类号。有时为了缩短类号,或对重点类目给予较宽裕的号码,某些下位类借用相邻的与上位类同级号码的编号法。(3)借同位类号。当某类列的同位类数量不多,且这些同位类都有较多的下位类时,借用相邻空余的同位类号,并将其直接扩展为双位数字,为下位类配号。借同位类号法可使同位类的标记符号在位数上保持一致。在分类标引时需注意,如这些类目作为被仿分类目时,也必须采用相同的方法为仿分类目配号。(4)顺序制编号。不管类目的等级,按类目排列顺序依次配以位数相同的号码。在《中图法》以层累制为基础的分类标记系统中,顺序制编号法只十分有限地用于同位类少,且展开层次深的特殊类目中。使用顺序编号,也局限于使用某位数字,而不是层层类目均采用顺序制编号法。

评分标准:(1)~(4)各25%。

11. (1)书目款目以反映文献特征,为读者提供目录学知识为内容,在计算机编目中书目款目亦称为书目记录或记录。其主要组成部分是描述文献形式及内容特征的著录正文,在计算机编目中则称为文献数据。书目款目按其组成部分,可分为没有标目、不供作检索使用的一般书目款目(如出版发行书目)和具有标目、专供文献检索用的检索书目款目。(2)检索书目款目的内容比较完备,除了具有标目以外,还有对献外表形式、物质形态的记载和对文献内容的揭示(著录于附注项),即包括从"题名与责任者项"到"标准编号与获得方式项"八个项目。此外,为图书馆开展业务工作的需要,另有索书号、财产登记号及其他业务注记。(3)检索书目款目按标目类型进行区分,可分为以题名为标目的题名款目,以责任者名称为标目的责任者款目,以目录分类号为标目的分类款目,以主题词为标目的主题款目。这是检索书目款目的四种基本类型。

评分标准:(1)(2)各35%,(3)30%。

12. (1)规范款目上记录的规范标目,是按照标目法的原则和规定选取和构成的,在词义及构成形式上经过了规范。因此这种规范标目的统一使用,有利于提高目录款目的质量,有利于标准化书目数据的交换,促进书目资源的共享。(2)规范款目用于规范文档,它是编目员选取标目的工具。编目员在选取标目时,借助于它发现所需要的标目,或直接选取使用,或参考相关标目的结构形式,去建立类似的标目。(3)由于规范款目中的规范标目,保证在目录中的惟一性和一致性,这就使具有相同标目的书目款目,在目录中集中,读者利用这种检索点查找目录,就可以准确而快速地获得有关文献,从而完善目录的查询功能和汇集功能。(4)规范款目以参照根查的形式记录各种标目之间的联系,这就有可能在规范文档里维护完善的款目参照结构。读者可以从各种不同的检索点入手,最终从目录中查出所需要的特定文献或相关文献。

评分标准:(1)～(4)各25%。

13.(1)获得方式指的是该图书的发行(交换)形式,一般在原书中有所记载,如售价多少,是交换还是赠阅等,必须如实著录。正式出版物大都在版权页或封底载明价格,著录时依原书所题价格著录。著录价格时,必须在价格前标明币制符号,以便识别。(2)有些图书虽然未标明价格(多指非正式出版物),但它的发行还是以货币形式交换,有规定的价格,著录时可按购进价格著录。(3)以外币定价的,按外币价格著录,并标明币制符号,如果是外币定价,而用人民币折算时,则按人民币购进价格著录。(4)非卖品图书按原书记载如实著录:如"非卖品"、"赠阅"。

评分标准:(1)～(4)各25%。

14.(1)组号:是国家、地区、语言或其他组织集团的代号,由国际标准书号中心负责分配。(2)出版社号:由国家标准书号中心负责分配,其位数视申请出版社图书出版两社图书出版量多少而定。由于国际标准书号的十个位数是固定的,因此,出版社号长度与出书数量是成反比的。出版社号位数多,其出版图书容量就少;出版社号位数少,其出版图书容量就多。(3)书序号:由出版社负责管理分配,书序号的具体数字一般是该出版社图书种数的顺序号(即流水号)。(4)校验码:是国际标准书号的第十位数字。校验码位数是固定不变的(仅一个位),但其数值可以是"0"到"10"的任何一个数;当其数值是10时,以罗马数字的"X"代替阿拉伯数字"10",以保证国际标准书号的位数十位不变。

评分标准:(1)～(4)各25%。

15.(1)基本藏书:也称基本书库。它是图书馆的主要书库,全馆藏书的基础。基本书库的藏书内容范围和品种数量,可以反映一个图书馆的藏书性质和特点,并能反映图书馆满足读者需要的规模和能力。(2)辅助藏书:也称辅助书库。图书馆设置各种辅助书库是为了满足不同读者需要。辅助书库一般有利用率较高、流通率大,具有现实性、参考性、针对性强的特点。(3)专门藏书:也称特藏书库,特藏是由于某一部分藏书需要特殊的保管条件,或有特殊读者的需要而设立的,在一定程度上反映一个图书馆的藏书特色。

评分标准:(1)(2)各35%,(3)30%。

16.(1)分类排架法:是按藏书内容所属学科体系排列的方法。它将藏书分门别类地依照分类号顺序排列。排架的顺序反映了分类法的体系。采用分类排架时,藏书是按分类号排,同一类书再按辅助号顺序排,分类号代表文献内容所属的学科类目,辅助号代表同类文献的区分号。图书馆比较常用的是分类责任者号排架法和分类种次号排架法两种类型。分类排架法把同类的文献资料集中在一起,使藏书成为一个有内在联系、有逻辑层次的科学体系,便于人们直接在书架上找到同一类或相近类的文献资料,这是它的特点,也是它的优点。不足之处在于:每类均留空位浪费书库空间,个别类排架饱和,易产生倒架的弊病,排架号码冗长繁杂,使排检藏书既慢又易出错。(2)形式排架法:是按藏书的外部特征顺序排检藏书。图书馆一般都不采用这种排列方法。优点是排检迅速简便,节省空间,充分利用书库的书架,很少出现倒架现象。缺点是不能将同类书与复本书集中在一起,不便于图书馆工作人员和读者直接利用藏书,不适用于开架书库。

评分标准:(1)70%,(2)30%。

17.(1)藏书具有很强的学科性或专业性。这种类型图书馆除综合性的图书馆外,藏书高度专业化,内容专深,国外文献较多,本学科专业报刊品种较齐全,非公开发行的资料较多。

(2)服务对象主要是从事专门研究或在专业领域工作的研究人员、专业工作者。(3)重视二次文献的编制和使用,这种类型的图书馆,非常重视收集国内、尤其是国外的一次文献,也重视对二次文献的收集、编制与使用,以节省科研人员与专业工作者的时间和他们对文献查全查准的需求。(4)重视现代信息技术的应用,以提高图书馆工作效率。科学与专业图书馆在技术力量和经费上比一般图书馆较有优势,所以不少图书馆比较重视采用现代化设备来装备图书馆,以提高文献工作的水平。

评分标准:(1)~(4)各25%。

18. (1)建立图书情报工作一体化管理体制。图书馆工作与情报信息工作有着紧密的内在联系,它们在工作内容与方法上具有相似的程序,都重视对文献资料的收集、整理、分析、报道、检索和服务。(2)根据本单位的任务和读者的专业需求,系统地、完整地收集、整理和保存国内外文献资料,形成有特色的藏书体系,使之成为某学科某专业的特藏中心。(3)加强对一次文献的开发性研究,有针对性地编制和利用书目、索引、文献、述评等二次文献。(4)开展文献资料外借、阅览、复印的同时,深入科研、生产、业务工作第一线,开展定题服务工作,使图书资料、情报信息工作超前于科研、生产工作。

评分标准:(1)~(4)各25%。

19. (1)从整体上提高我国文献收藏的相对完备性。文献资源布局的首要任务在于我国科学研究和经济、文化发展需要。强化国家收藏和提供文献的保障能力。这样,就要努力提高各学科文献的完备性。(2)控制文献资源的合理分布。我国文献分布存在不平衡和不尽合理的状况,通过有效控制手段,改变不平衡的状况,是文献资源的分布不仅从总体上适合我国社会发展需要,而且从地理上适应各地经济增长和文化发展的需要,是需要研究的一个重要课题。(3)文献资源布局不仅要解决文献拥有的问题,而且要解决将文献方便地提供给读者的问题,从总体上看提供是更加重要的。有了完备的收藏体系,再加上较强的传递能力,文献资源布局才能发挥其功能。

评分标准:(1)(2)各35%,(3)30%。

20. (1)通过我国具有研究水平的图书情报单位文献现状的调查评估,了解我国各主要学科文献的完备程度和支持研究决策的能力及发展趋势。(2)掌握我国文献资源的优势、薄弱环节以至空白状况,为进行我国文献资源的规划协调、科学管理和建立全国文献资源保障体制决策依据。(3)并为现有文献资源的开发利用提供切实的帮助。(4)希望通过调查研究,促使文献作为一种国家资源保障达到内容完备系统,利用迅速方便,经济合理而又切实可行,以满足迅速增长的知识情报需求。

评分标准:(1)~(4)各25%。

21. (1)数量上的要求。文献的品种数量是影响馆藏文献资源特色化的重要因素,文献的品种数量太少,馆藏文献资源的特色就难以形成,必须投入财力尽量完整系统地收藏,从品种数量上得到保证,同时必须降低必备文献的缺藏率。(2)质量上的要求。以文献的质量来控制数量,馆藏文献资源特色才更有保证。所收藏的文献资源内容上要有一定的深度,能代表一个学科的最高水平和发展方向。(3)要收藏外文原版书、工具书、科学专著及学术性、资料性文献,还要重视核心期刊的收藏,这样,才能使馆藏文献资源更有特色。

评分标准:(1)(2)各35%,(3)30%。

22. (1)我国文献资源布局将是采取一种三级布局的方法,即国家级、专业部级和地区级三个不同层次。(2)国家级,主要包括北京图书馆、中国科技情报研究所、国家档案馆、中国科学院文献情报中心等。(3)专业部级,主要为国务院各部委专业文献中心,例如地质部图书馆、党校图书馆。(4)地区级,主要为省、市、自治区公共图书馆、科技情报所和本省、市、自治区重点大专院校图书馆、中国科学院地区文献情报中心等。(5)除上述外,还需建立若干全国性的、地区性的或系统性的储存图书馆。

评分标准:(1)~(5)各20%。

23. (1)图书馆法是由国家立法机关依据一定的法律程序制定或认可的有关图书馆事业和图书馆活动的专门法规。(2)图书馆法是建立与管理图书馆,制定图书馆行政法规和规章制度的总依据。(3)图书馆法是调节国家与图书馆之间、图书馆与其他组织之间以及图书馆与用户之间等在图书馆活动中所产生的各种关系的法律规范。(4)图书馆法是国家领导、组织和发展图书馆事业的重要手段,用以维护图书馆事业所必需的正常秩序,抑制图书馆事业发展中所产生的各种弊端。

评分标准:(1)~(4)各25%。

24. (1)保证国家与各级政府部门对图书馆事业的领导和图书馆事业发展的正确方向。(2)保证全体社会成员享用图书馆的权利和对图书馆的监督。(3)保证图书馆的社会地位和发展图书馆事业所必需的经费、人力、建筑设备及其合法权益。(4)保证图书馆收藏民族文化遗产的完整性。(5)调节图书馆的内外关系,加强图书馆的统一管理,保证图书馆的正常秩序,推动图书馆事业的发展。

评分标准:(1)~(5)各20%。

25. (1)载体信息密度高、体积小,易于保存,节省空间。(2)一次输入;多种输出。只要输入一条记录,即可进行多种途径的检索,不必像手工编目那样为一条书目编制多种款目。(3)检索效果好。不仅检索速度快,而且可以根据检索者的需要进行多角度限定,有较高的查全率和查准率。机读目录还可以提供更多的检索点,如出版地、出版年、文献类型等,这是传统目录无法做到的。(4)自动排序。既可节省目录组织的时间,又可保证目录组织的质量。(5)修改、维护方便。假如某一文献已从馆藏中剔除,只要从机读目录中删掉这条书目记录即可,而不必像传统目录那样将各种款目一一提出修正。

评分标准:(1)~(5)各20%。

26. (1)采访。机读目录可作为采购查重的依据。我国以中国国家图书馆牵头建立的“中国联合编目中心”建立了数十万条记录的书目数据库,该馆还出版了中国书目光盘数据库,均可用于图书采访。(2)编目。机读目录不仅用于查重,还可以生产多种编目产品,如目录卡片、书标、书卡、新书报道、专题目录等。(3)检索。机读目录可用于读者的公共目录检索。许多图书馆在因特网建立网站,用机读目录设立了公众联机目录检索系统,使广大读者不必来图书馆就能检索图书馆的书刊目录,为读者带来极大的便利。(4)流通阅览。机读目录可用于建立流通管理子系统,编制各种流通统计报表,便于分析读者需求,有的放矢地加强馆藏建设。(5)行政管理。机读目录的统计功能极强,若配备相应的软件,图书馆行政人员可以利用机读目录及时掌握经费使用情况和馆藏构成,进行各种统计分析,用于指导图书馆的管理。

评分标准:(1)~(5)各20%。

27. (1)数字图书馆是对传统图书馆结构和功能的继承和进一步发展。(2)数字图书馆仍然是一个图书馆,它具有收集、加工、整理、保存数字化信息与提供数字信息服务的功能。(3)数字图书馆以计算机可处理的数字化形式存储和处理信息。(4)数字图书馆数字化信息的收藏范围从广泛性和深入性上要远远超出传统图书馆,它收藏的数字化信息不仅仅局限于本馆的馆藏,而是将全球网络上经过筛选、整理的任何数字化信息资源都可以整合、集成在一个数字图书馆中。(5)数字图书馆要依托因特网等网络手段,为全球用户提供远程信息服务,使信息的传递更广泛、迅速、便利,更加形式多样。

评分标准:(1)~(5)各20%。

28. (1)高效的计算机管理。数字图书馆利用计算机管理数字化信息资源,并且对全部业务工作实行计算机管理。(2)新型的数字化信息存储处理技术。数字图书馆采用先进的数字化信息存储处理技术,利用光盘存储技术、超文本、超媒体技术等,对信息资源建立分布式的大型文献信息库及超文本检索系统。(3)便捷的联网查询手段。数字图书馆通过各种电子通信手段,特别是因特网等网络,连接数字图书馆和网上信息中心等,提供各种分散的地区、国家和国际上的信息数据库的联网查询服务。(4)用户为主的服务模式。数字图书馆的建设与运作都要以用户为中心,用户不必亲自到图书馆查阅资料,只要通过计算机网络,在办公室或家里的终端前,就可以使用数字图书馆的信息。馆员可以提供信息导航服务,为用户答疑解惑。

评分标准:(1)~(4)各25%。

29. 字典、词典的作用一般可概括为以下几方面:(1)可查找古今汉语的字、词,如《说文解字》、《康熙字典》、《中华大字典》、《辞源》、《新华字典》、《现代汉语词典》等。(2)可查找成语典故、方言俗语,如《汉语成语大词典》、《古书典故辞典》、《中国成语分类大词典》、《汉语方言调查手册》等。(3)可查找古今人物、地名、名著,如《中国人名大辞典》、《当代国际人物词典》、《中国古今地名大辞典》、《唐诗鉴赏辞典》等。(4)可查找古代、现代、当代重大史实事件、资料,如《中国历史大辞典》、《世界历史词典》、《简明中外历史辞典》、《中国近代史词典》等。(5)可查找专业名词术语,如《成本管理大辞典》、《简明政治经济学辞典》、《经济百科辞典》、《新编财会实用辞典》等。

评分标准:(1)~(5)各20%。

30. (1)百科全书是对过去积累的文化科学技术知识加以总结和概括,按事物名称,以条目的形式进行系统编排,对每一词目都加以全面论述,并对新的研究成果加以阐述的大型知识性、检索性工具书。(2)它以汇编一切学科或某一学科完备的知识为基础,以知识的学科类属为分类体系,有完备的检索方法,兼有各种工具书的特点,被称为工具书之王。(3)它是查找学科名词术语、人名、地名、事件及有关参考资料的重要工具文献。(4)著名的大百科全书有:《大英百科全书》、《中国大百科全书》。财经学科百科全书有《世界经济百科全书》、《中国经济百科全书》等。

评分标准:(1)~(4)各25%。

第六部分 高级工技能操作试题

考核内容层次结构表

<table>
<tr><th rowspan="2">级别</th><th colspan="2">基本技能</th><th colspan="5">专业技能</th><th rowspan="2">合计</th></tr>
<tr><th>使用基本
工具书</th><th>操作
计算机</th><th>登记
图书</th><th>图书
分类</th><th>图书
著录</th><th>目录
组织</th><th>图书
排架</th></tr>
<tr><td>初级</td><td colspan="2">30 分
10min
选一项</td><td>25 分
10min</td><td>25 分
20min</td><td>20 分
10min</td><td></td><td></td><td>100 分
50min</td></tr>
<tr><td>中级</td><td colspan="2">25 分
10min
选一项</td><td>20 分
10min</td><td>35 分
20min</td><td>20 分
20min</td><td></td><td></td><td>100 分
60min</td></tr>
<tr><td>高级</td><td colspan="2">20 分
10 ~ 20min
选一项</td><td></td><td>30 分
20min</td><td>20 分
10min</td><td colspan="2">30 分
20min
选一项</td><td>100 分
60 ~ 70min</td></tr>
</table>

鉴定要素细目表

行业:石油天然气　　　　工种:图书管理员　　　　等级:高级工　　　　鉴定方式:技能操作

<table>
<tr><th rowspan="3">行为领域</th><th colspan="8">鉴定范围</th><th colspan="3" rowspan="2">鉴定点</th></tr>
<tr><th colspan="3">一级</th><th colspan="3">二级</th><th colspan="2">三级</th></tr>
<tr><th>代码</th><th>名称</th><th>鉴定比重</th><th>代码</th><th>名称</th><th>鉴定比重</th><th>代码</th><th>名称</th><th>代码</th><th>名称</th><th>重要程度</th></tr>
<tr><td rowspan="16">操作技能100%</td><td rowspan="4">A</td><td rowspan="4">基本技能</td><td rowspan="4">25%</td><td>A</td><td>使用基本工具书</td><td rowspan="4">20%</td><td>A</td><td>《辞海》的使用方法</td><td>001</td><td>使用《辞海》查出给定字的解释</td><td>Z</td></tr>
<tr><td rowspan="3">B</td><td rowspan="3">操作计算机</td><td rowspan="3">A</td><td rowspan="3">Word的使用</td><td>001</td><td>Word 文档内复制、删除的操作</td><td>Z</td></tr>
<tr><td>002</td><td>用 Word 绘制表格</td><td>Y</td></tr>
<tr><td>003</td><td>用 Word 录入汉语言文字</td><td>X</td></tr>
<tr><td rowspan="12">B</td><td rowspan="12">专业技能</td><td rowspan="12">75%</td><td rowspan="5">A</td><td rowspan="5">图书分类</td><td rowspan="5">30%</td><td rowspan="5">A</td><td rowspan="5">图书分类</td><td>001</td><td>使用《中图法》分类艺术类图书</td><td>Y</td></tr>
<tr><td>002</td><td>使用《中图法》分类生物类图书</td><td>Y</td></tr>
<tr><td>003</td><td>使用《中图法》分类历史、地理类图书</td><td>Y</td></tr>
<tr><td>004</td><td>使用《中图法》分类政治、法律类图书</td><td>X</td></tr>
<tr><td>005</td><td>使用《中图法》分类综合类图书</td><td>X</td></tr>
<tr><td rowspan="3">B</td><td rowspan="3">图书著录</td><td rowspan="3">20%</td><td rowspan="3">A</td><td rowspan="3">著录</td><td>001</td><td>出版发行项的著录</td><td>X</td></tr>
<tr><td>002</td><td>载体形态项的著录</td><td>Y</td></tr>
<tr><td>003</td><td>标准书号及有关记载项的著录</td><td>Y</td></tr>
<tr><td rowspan="2">C</td><td rowspan="2">目录组织</td><td rowspan="4">30%</td><td rowspan="2">A</td><td rowspan="2">目录组织</td><td>001</td><td>利用目录卡片组织分类目录</td><td>X</td></tr>
<tr><td>002</td><td>用汉语拼音音序法组织题名字顺目录</td><td>X</td></tr>
<tr><td rowspan="2">D</td><td rowspan="2">图书排架</td><td rowspan="2">A</td><td rowspan="2">图书排架</td><td>001</td><td>将图书按架位次序排列归架</td><td>X</td></tr>
<tr><td>002</td><td>按照索书号从书架上取书</td><td>X</td></tr>
</table>

注:X—核心要素;Y—一般要素;Z—辅助要素。

技能操作试题

一、《辞海》的使用方法(AAA)

(一)测量模块

1. 考核要求

(1)必备的文具、用具准备齐全;

(2)熟练使用中文普通工具书。

2. 考核时限

(1)准备时间:1min。

(2)操作时间:10min,从正式操作开始计时。

(3)考核时提前完成操作不加分,超时操作按规定标准评分。

3. 配分、评分标准

序号	考核内容	考核要点	配分	评分标准	检测结果	扣分	得分	备注
1	准备工作	自备钢笔	4	不准备钢笔扣4分				
2	操作程序	首先确定字的笔画数或字的部首	16	部首或笔画数查错一处各扣2分				
		按要查字的笔画查出正文页码;或查出部首范围在正文的页码,再按笔画数查找;也可使用书后附的“汉语拼音索引”查找	24	查错页码一处扣3分,音节拼错一处扣3分				
		在正文中按书中规定的笔画顺序查找	16	未按笔画排列顺序查找不得分,查找错误一处扣4分				
		在正文中找到要查的字	20	查错字一处扣5分				
		记录下字的解释	20	未记录不得分,记录错误一处扣5分				
3	环保要求及其他	严格遵守环保要求;在规定时间内完成		工具、资料摆放不整齐、场地不清从总分中扣5分;每超时30s从总分中扣5分;超时1min停止操作				
合计			100					

(二)考试试题

AAA001 使用《辞海》查出给定字的解释

(1)准备要求:

序　　号	名　　称	规　　格	数　　量	备　　注
1	白纸		1张	
2	给出字		4个	
3	《辞海》	新版	1册	
4	钢笔		1支	

(2)操作程序说明:

① 先确定生字的笔画或部首;

② 在部首表中查出部首在正文的页码;

③ 在字典正文中查出该字,记录该字。

(3)考核规定说明:

① 如操作违章,将停止考核;

② 考核采用百分制,考核项目得分按组卷比例进行折算。

(4)考核方式说明:该项目为实际操作,以操作过程与操作标准进行评分。

(5)考核时限:同测量模块。

(6)配分、评分标准:同测量模块。

二、Word的使用(ABA)

(一)测量模块

1.考核要求

符合计算机操作规范。

2.考核时限

(1)准备时间:1min;

(2)操作时间:10min,从正式操作开始计时;

(3)考核时提前完成操作不加分,超时操作按规定标准评分。

3.配分、评分标准

序号	考核内容	考 核 要 点	配分	评 分 标 准	检测结果	扣分	得分	备注
1	准备工作	先开显示器电源、再开主机电源	5	未按照顺序开机不得分,错一次扣2.5分				
2	操作程序	选择一种汉字输入法	10	不会选择输入法一次扣5分				
		录入文字	65	每错一字或少一个字(含标点符号)扣5分				
		退出操作系统	10	未退出操作系统不得分,未按要求退出一次扣5分				
		关显示器电源	10	未关电源不得分,关闭电源错误一次扣5分				

续表

序号	考核内容	考核要点	配分	评分标准	检测结果	扣分	得分	备注
3	环保要求及其他	严格遵守环保要求; 在规定时间内完成		工具、资料摆放不整齐、场地不清从总分中扣 5 分;每超时 30s 从总分中扣 5 分;超时 1min 停止操作				
	合　计		100					

(二)考试试题

ABA001Word 文档内复制、删除的操作

(1)准备要求:

序　号	名　称	规　格	数　量	备　注
1	计算机		1 台	要求装有 Office

(2)操作程序说明:

① 复制的操作;

② 删除的操作。

(3)考核规定说明:

① 如操作违章,将停止考核;

② 考核采用百分制,考核项目得分按组卷比例进行折算。

(4)考核方式说明:实际操作以操作过程与操作标准进行评分。

(5)考核时限:同测量模块。

(6)配分、评分标准:

序号	考核内容	考核要点	配分	评分标准	检测结果	扣分	得分	备注
1	准备工作	先开显示器电源、再开主机电源	5	未按照顺序开机不得分,错一次扣 2.5 分				
2	操作程序	复制的操作,选定要复制的文字和图形	20	不选定不得分,选定错误一次扣 5 分				
		复制操作方法一:使用拖放编辑复制;方法二:使用工具栏按钮复制;方法三:使用菜单命令复制	30	可以使用其中任何一种操作方法,不能完成操作一次扣 5 分				
		删除的操作。单击工具栏上的剪切按钮,或按 Backspace 或 Delete 键,也可使用右键快捷菜单上的“剪切”	25	可以使用其中的任何一种方法,不能完操作方法,不能完成操作一次扣 5 分				

续表

序号	考核内容	考核要点	配分	评分标准	检测结果	扣分	得分	备注
2	操作程序	退出操作系统	10	未退出操作系统不得分，未按要求退出一次扣5分				
		关显示器电源	10	未关电源不得分，关闭电源错误一次扣5分				
3	环保要求及其他	严格遵守环保要求；在规定时间内完成		工具、资料摆放不整齐、场地不清从总分中扣5分；每超时30s从总分中扣5分；超时1min停止操作				
	合计		100					

ABA002 用 Word 绘制表格

(1)准备要求：

序号	名称	规格	数量	备注
1	计算机		1台	要求装有 Office

(2)操作程序说明：

绘制给出的表格。

(3)考核规定说明：

① 如操作违章，将停止考核；

② 考核采用百分制，考核项目得分按组卷比例进行折算。

(4)考核方式说明：实际操作以操作过程与操作标准进行评分。

(5)考核时限：同测量模块。

(6)配分、评分标准：

序号	考核内容	考核要点	配分	评分标准	检测结果	扣分	得分	备注
1	准备工作	先开显示器电源、再开主机电源	5	未按照顺序开机不得分，错一次扣2.5分				
2	操作程序	绘制表格	50	不会操作不得分，绘制表格错一处扣5分				
		录入表格内文字	25	未能完成操作不得分，录入文字错误一处扣5分				
		退出操作系统	10	未退出操作系统不得分，未按要求退出一次扣5分				
		关显示器电源	10	未关电源不得分，关闭电源错误一次扣5分				

续表

序号	考核内容	考核要点	配分	评分标准	检测结果	扣分	得分	备注
3	环保要求及其他	严格遵守环保要求;在规定时间内完成		工具、资料摆放不整齐、场地不清从总分中扣5分;每超时30s从总分中扣5分;超时1min停止操作				
		合　计	100					

ABA003 用 Word 录入汉语言文字

(1)准备要求:

序　号	名　称	规　格	数　量	备　注
1	文字材料		500字	
2	计算机		1台	要求装有 Office

(2)操作程序说明:

选择一种汉字输入法,在 Word 文档内录入给定文字。

(3)考核规定说明:

① 如操作违章,将停止考核;

② 考核采用百分制,考核项目得分按组卷比例进行折算。

(4)考核方式说明:实际操作以操作过程与操作标准进行评分。

(5)考核时限:同测量模块。

(6)配分、评分标准:同测量模块。

三、图书分类(BAA)

(一)测量模块

1. 考核要求

(1)必备的文具、用具准备齐全;

(2)按图书分类操作规程操作;

(3)归类恰当,给出的分类号正确。

2. 考核时限

(1)准备时间:1 min。

(2)操作时间:20 min,从正式操作开始计时。

(3)考核时提前完成操作不加分,超时操作按规定标准评分。

3. 配分、评分标准

序号	考核内容	考核要点	配分	评分标准	检测结果	扣分	得分	备注
1	准备工作	铅笔、橡皮	5	未准备铅笔扣2.5分;未准备橡皮扣2.5分				

续表

序号	考核内容	考核要点	配分	评分标准	检测结果	扣分	得分	备注
2	操作程序	分析图书的特征。认识书的学科性质、主题范围、作者旨意等	20	未分析图书的特征扣5分;未认识书的学科性质、主题范围、作者旨意各扣5分				
		根据分析出的图书特征,从分类表中找出最能恰当表达这些特征的类目,选其相应类号	50	所找类目不准确一本扣5分;类号选择错误一本扣5分				
		记录下分类号。写在书名页左上角或靠书脊处	20	未记录分类号不得分,分类号记录位置错误一处4分				
		记录工整	5	记录不工整扣5分				
3	环保要求及其他	严格遵守环保要求;在规定时间内完成		工具、资料摆放不整齐、场地不清从总分中扣5分;每超时1min从总分中扣5分;超时2min停止操作				
合计			100					

(二)考试试题

BAA001 使用《中图法》分类艺术类图书

(1)准备要求:

序号	名称	规格	数量	备注
1	艺术类图书(绘画、书法、摄影、音乐、舞蹈等)		5册	未加工过的原书
2	《中图法第四版》		1册	
3	铅笔		1支	
4	橡皮		1块	

(2)操作程序说明:

① 分析图书的内容特征;

② 从分类表中找出最恰当的类目,选择相应的类号。

③ 给定分类号,用铅笔写在书名页的左上角。

(3)考核规定说明:

① 如操作违章,将停止考核;

② 考核采用百分制,考核项目得分按组卷比例进行折算。

(4)考核方式说明:该项目为实际操作,以操作过程与操作标准进行评分。

(5)考核时限:同测量模块。

(6)配分、评分标准:同测量模块。

BAA002 使用《中图法》分类生物类图书

(1)准备要求:

序　号	名　称	规　格	数　量	备　注
1	生物类图书		5册	未加工过的原书
2	《中图法第四版》		1册	
3	铅笔		1支	
4	橡皮		1块	

(2)操作程序说明:

① 分析图书的内容特征;

② 从分类表中找出最恰当的类目,选择相应的类号;

③ 给定分类号,用铅笔写在书名页的左上角。

(3)考核规定说明:

① 如操作违章,将停止考核;

② 考核采用百分制,考核项目得分按组卷比例进行折算。

(4)考核方式说明:该项目为实际操作,以操作过程与操作标准进行评分。

(5)考核时限:同测量模块。

(6)配分、评分标准:同测量模块。

BAA003 使用《中图法》分类历史、地理类图书

(1)准备要求:

序　号	名　称	规　格	数　量	备　注
1	历史、地理类图书		5册	未加工过的原书
2	《中图法第四版》		1册	
3	铅笔		1支	
4	橡皮		1块	

(2)操作程序说明:

① 分析图书的内容特征;

② 从分类表中找出最恰当的类目,选择相应的类号;

③ 给定分类号,用铅笔写在书名页的左上角。

(3)考核规定说明:

① 如操作违章,将停止考核;

② 考核采用百分制,考核项目得分按组卷比例进行折算。

(4)考核方式说明:该项目为实际操作,以操作过程与操作标准进行评分。

(5)考核时限:同测量模块。

(6)配分、评分标准:同测量模块。

BAA004 使用《中图法》分类政治、法律类图书

(1)准备要求:

序　号	名　称	规　格	数　量	备　注
1	政治、法律类图书		5册	未加工过的原书
2	《中图法第四版》		1册	
3	铅笔		1支	
4	橡皮		1块	

(2)操作程序说明:

① 分析图书的内容特征;

② 从分类表中找出最恰当的类目,选择相应的类号;

③ 给定分类号,用铅笔写在书名页的左上角。

(3)考核规定说明:

① 如操作违章,将停止考核;

② 考核采用百分制,考核项目得分按组卷比例进行折算。

(4)考核方式说明:该项目为实际操作,以操作过程与操作标准进行评分。

(5)考核时限:同测量模块。

(6)配分、评分标准:同测量模块。

BAA005 使用《中图法》分类综合性图书

(1)准备要求:

序　号	名　称	规　格	数　量	备　注
1	综合类图书		5册	未加工过的原书
2	《中图法第四版》		1册	
3	铅笔		1支	
4	橡皮		1块	

(2)操作程序说明:

① 分析图书的内容特征;

② 从分类表中找出最恰当的类目,选择相应的类号;

③ 给定分类号,用铅笔写在书名页的左上角。

(3)考核规定说明:

① 如操作违章,将停止考核;

② 考核采用百分制,考核项目得分按组卷比例进行折算。

(4)考核方式说明:该项目为实际操作,以操作过程与操作标准进行评分。

(5)考核时限:同测量模块。

(6)配分、评分标准:同测量模块。

四、图书著录

(一)测量模块(BBA)

1. 考核要求

(1)必备的文具、用具准备齐全;

(2)熟练掌握图书著录的方法。

2. 考核时限

(1)准备时间:1min。

(2)操作时间:10min,从正式操作开始计时。

(3)考核时提前完成操作不加分,超时操作按规定标准评分。

3. 配分、评分标准

序号	考核内容	考核要点	配分	评分标准	检测结果	扣分	得分	备注
1	准备工作	钢笔	5	不准备扣5分				
2	操作程序	出版发行项的著录形式是:.——出版发行地:出版发行者,出版发行年.月	18	未按要求写一处扣6分				
		出版发行地的著录:用全称著录出版发行机构所在地的城市名称	12	漏字、改字一处各扣2分				
		一书出现两个出版地,第二出版地用“;”标识	15	未按要求写一处扣5分				
		出版者以出版机构全称著录,无出版者时可以发行者代替	15	未按要求写一处扣5分				
		如出版者为著者,可用“著者”、“编者”等简略著录	15	未按要求写一处扣5分				
		出版发行时间以排版时间为准,用阿拉伯数字著录,年、月之间用“.”隔开	15	著录错误一处扣5分				
		字体规范整齐	5	字体不规范扣5分				
3	环保要求及其他	严格遵守环保要求;在规定时间内完成		工具、资料摆放不整齐、场地不清从总分中扣5分;每超时30s从总分中扣5分;超时1min停止操作				
合计			100					

(二)考试试题

BBA001 出版发行项的著录

(1)准备要求:

序号	名称	规格	数量	备注
1	图书		3册	不同种
2	白纸 (或著录用标准卡片)		1张 (或卡片3张)	
3	钢笔		1支	

(2)操作程序说明：

① 确定版权页为著录根据；

② 著录出版发行项。

(3)考核规定说明：

① 如操作违章，将停止考核；

② 考核采用百分制，考核项目得分按组卷比例进行折算。

(4)考核方式说明：该项目为实际操作，以操作过程与操作标准进行评分。

(5)考核时限：同测量模块。

(6)配分、评分标准：同测量模块。

BBA002 载体形态项的著录

(1)准备要求：

序　号	名　称	规　格	数　量	备　注
1	图书		3册	不同种
2	白纸 （或著录用标准卡片）		1张 （或卡片3张）	
3	钢笔		1支	

(2)操作程序说明：

① 确定版权页为著录根据；

② 著录载体形态项。

(3)考核规定说明：

① 如操作违章，将停止考核；

② 考核采用百分制，考核项目得分按组卷比例进行折算。

(4)考核方式说明：该项目为实际操作，以操作过程与操作标准进行评分。

(5)考核时限：同测量模块。

(6)配分、评分标准：

序号	考核内容	考核要点	配分	评分标准	检测结果	扣分	得分	备注
1	准备工作	钢笔	5	不准备扣5分				
2	操作程序	空两格开始著录。载体形态项的著录形式是：页数：图；尺寸（或开本）+附件	18	未按要求写一处扣6分				
		页数著录正文的页数	18	漏字、改字一处各扣3分				
		图指作为图书有机组成部分的各种图，有冠图、插图、附图、照片等，应依据不同情况，具体著录为“插图”、“折图”、“彩图”、“照片”、“肖像”等，并以“：”标识在页数之后	18	未按要求写一处扣6分				

续表

序号	考核内容	考核要点	配分	评分标准	检测结果	扣分	得分	备注
2	操作程序	尺寸或开本用“;”标识在图之后。按版权页所列开本著录	18	未按要求写一处扣6分				
		附件指与图书内容相关而又分离于图书载体之外的附加材料,以“+”标识于载体形态项的末尾	18	未按要求写一处扣6分				
		字体规范整齐	5	字体不规范扣5分				
3	环保要求及其他	严格遵守环保要求;在规定时间内完成		工具、资料摆放不整齐、场地不清从总分中扣5分;每超时30s从总分中扣5分;超时1min停止操作				
合计			100					

BBA003 标准书号及有关记载项的著录

(1)准备要求:

序号	名称	规格	数量	备注
1	图书		3册	不同种
2	白纸 (或著录用标准卡片)		1张 (或卡片3张)	
3	钢笔		1支	

(2)操作程序说明:

① 确定版权页为著录根据;

② 著录标准书号项。

(3)考核规定说明:

① 如操作违章,将停止考核;

② 考核采用百分制,考核项目得分按组卷比例进行折算。

(4)考核方式说明:该项目为实际操作,以操作过程与操作标准进行评分。

(5)考核时限:同测量模块。

(6)配分、评分标准:

序号	考核内容	考核要点	配分	评分标准	检测结果	扣分	得分	备注
1	准备工作	准备钢笔	5	未准备扣5分				
2	操作程序	标准书号及有关记载项的著录形式是:ISBN(装订)获得方式	24	未按要求写一处扣8分				

续表

序号	考核内容	考核要点	配分	评分标准	检测结果	扣分	得分	备注
2	操作程序	标准书号以版权页为准,照录	18	漏字、改字一处扣3分				
		装订形式中,平装可省略不著,其他形式用(　)著录在 ISBN 之后	24	未按要求写一处扣8分				
		获得方式:采购图书以定价著录,非卖品按实际获得方式著录为“赠阅”、“交换”等。定价数字形式著录,后加“元”字	24	未按要求写一处扣8分				
		字体规范整齐	5	字体不规范扣5分				
3	环保要求及其他	严格遵守环保要求;在规定时间内完成		工具、资料摆放不整齐、场地不清从总分中扣5分;每超时30s从总分中扣5分;超时1min停止操作				
合　计			100					

五、目录组织(BCA)

(一)测量模块

1. 考核要求

(1)必备的文具、用具准备齐全;

(2)熟练掌握题名分类目录及字顺目录组织的方法。

2. 考核时限

(1)准备时间:1min;

(2)操作时间:10min,从正式操作开始计时;

(3)考核时提前完成操作不加分,超时操作按规定标准评分。

3. 配分、评分标准

序号	考核内容	考核要点	配分	评分标准	检测结果	扣分	得分	备注
1	操作程序	分类号先按字母顺序排,字母相同,再按字母后的第一位数字排,小者在前,大者在后,数字大小相同,再依第二、第三位的大小顺序排,依此类推	40	分类号未先按字母顺序排扣10分;字母相同的未再按字母后的第一位数字排扣10分;小者在前,大者在后,数字大小相同,未再依第二、第三位的大小顺序排每次扣10分				

续表

序号	考核内容	考核要点	配分	评分标准	检测结果	扣分	得分	备注
1	操作程序	分类号中带有“a”推荐符号的,排在前面;带有“－”总论复分号的,排在类号为数字“0 的前面;带有“:”组配号的,按“:”后面其他学科的类号顺序排列	30	分类号中带有“a”推荐符号的,未排在排在前面扣 10 分;带有“－”总论复分号的,未排在类号为数字“0 的前面扣 10 分;带有“:”组配号的,未按“:”后面其他学科的类号顺序排列扣 10 分				
		分类号完全相同的,按书次号顺序排	30	分类号完全相同的,未按书次号顺序排一次扣 10 分				
2	环保要求及其他	严格遵守环保要求;在规定时间内完成		工具、资料摆放不整齐、场地不清从总分中扣 5 分;每超时 30s 从总分中扣 5 分;超时 1min 停止操作				
合计			100					

(二)考试试题

BCA001 利用目录卡片组织分类目录

(1)准备要求:

序号	名称	规格	数量	备注
1	不同种书的目录卡片		20 张	

(2)操作程序说明:

① 分类目录是依据一定的图书分类法组织而成的目录。这里我们依据目录卡片上的分类号组织。

② 按分类目录组织规则排列卡片。

(3)考核规定说明:

① 如操作违章,将停止考核;

② 考核采用百分制,考核项目得分按组卷比例进行折算。

(4)考核方式说明:该项目为实际操作,以操作过程与操作标准进行评分。

(5)考核时限:同测量模块。

(6)配分、评分标准:同测量模块。

BCA002 用汉语拼音音序法组织题名字顺目录

(1)准备要求:

序号	名称	规格	数量	备注
1	不同种书的目录卡片		20 张	

(2)操作程序说明:
① 组织题名目录使用汉语拼音音序法排列;
② 按题名目录组织规则排列卡片。
(3)考核规定说明:
① 如操作违章,将停止考核;
② 考核采用百分制,考核项目得分按组卷比例进行折算。
(4)考核方式说明:该项目为实际操作,以操作过程与操作标准进行评分。
(5)考核时限:同测量模块。
(6)配分、评分标准:

序号	考核内容	考核要点	配分	评分标准	检测结果	扣分	得分	备注
1	操作程序	先按题名的第一个字的字顺排,第一个字相同,再按第二、第三及其以后各字的先后顺序排	15	未按规则排一处扣3分				
		题名完全相同的,再依责任者或出版单位的字顺排,无责任者又无出版单位的款目,排在有责任者、有出版单位的款目后面	15	未按规则排一处扣3分				
		题名内的标点符号忽略不记,按全题名字顺排,但有破折号的,排在相应词无破折号的后面	15	未按规则排一处扣3分				
		同一文献的不同版本,按出版年顺序或按反纪年顺序排列	15	未按规则排一处扣3分				
		同一文献的多卷集或连续性出版物,在题名之下,再按卷(册)或连续出版物的顺序号次序排	15	未按规则排一处扣3分				
		正题名下加注有历史时期的,按历史时期的先后顺序排	10	未按规则排一处扣2分				
		题名中夹有数字的,将它们排在相应的地方按数字顺序排,然后再按汉字字顺排	15	未按规则排一处扣3分				
2	环保要求及其他	严格遵守环保要求;在规定时间内完成		工具、资料摆放不整齐、场地不清从总分中扣5分;每超时30s从总分中扣5分;超时1min停止操作				
		合计	100					

六、图书排架(BDA)

(一)测量模块

1. 考核要求

(1)必备的文具、用具准备齐全;

(2)熟练掌握图书排架的方法。

2. 考核时限

(1)准备时间:1 min;

(2)操作时间:10min,从正式操作开始计时;

(3)考核时提前完成操作不加分,超时操作按规定标准评分。

3. 配分、评分标准

序号	考核内容	考核要点	配分	评分标准	检测结果	扣分	得分	备注
1	操作程序	分类号先按字母顺序排,字母相同,再按字母后的第一位数字排	10	未按规则排一处扣5分				
		小者在前,大者在后,数字大小相同,再依第二、第三位的大小顺序排,依此类推	20	未按规则排一处扣5分				
		分类号中带有"a"推荐符号的,排在前面	20	未按规则排一处扣5分				
		带有"-"总论复分号的,排在类号为数字"0"的前面	20	未按规则排一处扣5分				
		带有":"组配号的,按":"后面其他学科的类号顺序排列	20	未按规则排一处扣5分				
		分类号完全相同的,按书次号顺序排	10	未按规则排一处扣5分				
2	环保要求及其他	严格遵守环保要求;在规定时间内完成		工具、资料摆放不整齐、场地不清从总分中扣5分;每超时30s从总分中扣5分;超时1min停止操作				
合计			100					

(二)考试试题

BDA001 将图书按架位次序排列归架

(1)准备要求:

序号	名称	规格	数量	备注
1	不同种经过图书馆加工的图书		20册	

(2)操作程序说明:

① 这里运用分类法进行图书排架；
② 按索书号的次序排列图书。
(3)考核规定说明：
① 如操作违章，将停止考核；
② 考核采用百分制，考核项目得分按组卷比例进行折算。
(4)考核方式说明：该项目为实际操作，以操作过程与操作标准进行评分。
(5)考核时限：同测量模块。
(6)配分、评分标准：同测量模块。

BDA002 按照索书号从书架上取书

(1)准备要求：

序号	名称	规格	数量	备注
1	填有索书号和书名的索书单		10张	
2	图书		若干	要求含有索书单上的图书十本

(2)操作程序说明：
① 以索书单提供的排架信息找出图书；
② 要求找书迅速、准确。
(3)考核规定说明：
① 如操作违章，将停止考核；
② 考核采用百分制，考核项目得分按组卷比例进行折算。
(4)考核方式说明：该项目为实际操作，以操作过程与操作标准进行评分。
(5)考核时限：同测量模块。
(6)配分、评分标准：

序号	考核内容	考核要点	配分	评分标准	检测结果	扣分	得分	备注
1	操作程序	以索书号的分类次序依架位找书	50	找错一次扣5分				
		找书迅速、准确	50	找书未达到迅速、准确一次扣5分				
2	环保要求及其他	严格遵守环保要求；在规定时间内完成		工具、资料摆放不整齐、场地不清从总分中扣5分；每超时30s从总分中扣5分；超时1min停止操作				
合计			100					

参 考 文 献

[1] 谭迪昭编著. 图书馆学概论. 广州:中山大学出版社,1996

[2] 中国图书馆分类法编辑委员会编. 中国图书馆分类法使用手册. 第4版. 北京:北京图书馆出版社,2003

[3] 苑福成、王占林、计海波、徐宽编. 图书馆自动化系统设计. 第2版. 北京:书目文献出版社,1991

[4] 王瑞华主编. 利用图书馆 ABC. 第2版. 大连:东北财经大学出版社,1998

[5] 吴慰慈、董焱编著. 图书馆学概论. 修订版. 北京:北京图书馆出版社,2003

[6] 李希孔主编. 图书馆读者学概论. 北京:北京农业大学出版社,1995

[7] 来新夏主编. 文献编目教程. 天津:南开大学出版社,1995

[8] 王风等主编. 图书馆工作实用手册. 沈阳:白山出版社,1989

[9] 王酉梅、倪晓建编著. 文献检索与利用. 北京:北京师范大学出版社,1988

[10] 黄俊贵主编. 文献编目工作. 北京:北京图书馆出版社,2000

[11] 赵燕群主编. 连续出版物工作. 北京:北京图书馆出版社,2001

[12] 张爱芳主编. 图书馆馆长手册. 北京:专利文献出版社,1998